Janosch Bülow

Grundwissen
Übergewicht und Adipositas
Folgen, Ursachen, Therapie und
Fallstudie zu Ernährungs- und
Bewegungsangeboten an Schulen

disserta
Verlag

Bülow, Janosch: Grundwissen Übergewicht und Adipositas: Folgen, Ursachen, Therapie und Fallstudie zu Ernährungs- und Bewegungsangeboten an Schulen, disserta Verlag, 2012

ISBN: 978-3-95425-020-2
Druck: disserta Verlag, Hamburg, 2012

Bibliografische Information der Deutschen Nationalbibliothek:
Die Deutsche Nationalbibliothek verzeichnet diese Publikation in der Deutschen Nationalbibliografie; detaillierte bibliografische Daten sind im Internet über http://dnb.d-nb.de abrufbar.

Die digitale Ausgabe (eBook-Ausgabe) dieses Titels trägt die ISBN 978-3-95425-021-9 und kann über den Handel oder den Verlag bezogen werden.

Inhalt

Abkürzungs- und Symbolverzeichnis

Abb.	Abbildung	S.	Seite
BS	Ballaststoffe	sog.	sogenannte
bzgl.	bezüglich	Tab.	Tabelle
ca.	circa	u. a.	unter anderem
d. h.	das heißt	z. B.	zum Beispiel
ebd.	ebenda	vgl.	vergleiche
E	Energie		
ELF	Erfahrungs- & Lernfeld	E%	Energieprozent
et al.	et altera	&	und
etc.	et cetera	<	kleiner als
EW	Eiweiß	>	größer als
F	Fett		
(f)f.	(fort)folgende		
GA	Gesamtangebot		
GF	gesättigte Fettsäuren		
Hrsg.	Herausgeber		
i. d. R.	in der Regel		
IZ	isolierte Zucker		
Kap.	Kapitel		
KH	Kohlenhydrate		
kcal	Kilokalorie(n)		
kJ	Kilojoule		
L	Liter		
MA	mittlere Abweichung		
Mio.	Millionen		
Mrd.	Milliarden		
Nr.	Nummer		
RW	Referenzwert		

„Manchmal sind wir so damit beschäftigt, unseren Kindern zu geben, was wir als Heranwachsende nie gehabt haben, daß wir darüber vergessen, ihnen zu geben, was wir einst hatten."

(James Dobson)

Prolog

Der Wecker klingelt, Tim steht auf. Seine Mutter kann ihn nicht mehr, wie früher, wecken, denn sie ist schon auf dem Weg zu ihrem Zweitjob, den sie seit Kurzem hat. „Sie hat wohl wieder vergessen, Brot zu kaufen", denkt sich Tim, als er die Münzen auf dem Küchentisch mit der Notiz „Kauf dir was Leckeres" entdeckt. „Auftrag erledigt" denkt er sich, als er Schokoriegel kauend und Erdbeermilch schlürfend in einer Ecke des Schulhofs sitzt und seinen Mitschülern beim Tischtennisspielen zuschaut. Eigentlich würde er auch viel lieber um solch einen Tisch laufen, doch als Tim sein Frühstück gekauft hatte, waren die einzigen beiden Leihschläger der Schule schon lange weg. Die andere auf dem Schulhof vorhandene Spielmöglichkeit, Basketball, wird von Tim gemieden, weil er langsam ist und die anderen Kinder ihn wegen seines Übergewichts hänseln. Auch in der Mittagspause sitzt Tim alleine und isst wie fast jeden Tag seinen Milchreis. Wenn ihm seine Klassenlehrerin nicht beiläufig gesagt hätte, dass er zu viel Fett isst, hätte er heute lieber die Pizza genommen. So ganz hat er jedoch nicht verstanden, was Fett mit seinem Gewicht zu tun hat, schließlich essen die anderen Kinder auch Pizza und sind schlanker.[1]

---

[1] Diese Geschichte ist selbst ausgedacht und dient lediglich als Einstieg.

Einleitung

Immer mehr Menschen, besonders Kinder, leiden physisch und psychisch unter ihrem Übergewicht, werden ausgegrenzt und ziehen sich häufig zurück. Ohne fremde Hilfe gelingt es ihnen selten, aus dem Teufelskreis ihres ungesunden Ess- und Bewegungsverhaltens auszubrechen.

Nach der Definition von Adipositas soll die multifaktorielle Genese der Krankheit untersucht werden. Neben der Erläuterung biologischer und genetischer Aspekte soll vor allem untersucht werden, wodurch sich das Ess- und Bewegungsverhalten in unserer Gesellschaft verändert hat. Die Verschlechterung der Nahrungsqualität durch die Industrie, der Verlust freier Bewegungsräume sowie die stärkere Nutzung von Unterhaltungselektronik sind nur einige Faktoren, die zur Entstehung von Adipositas beitragen. Da Kinder immer mehr Zeit in der Schule verbringen, steigt die Bedeutung der dort vorhandenen Angebote. Wie viel sich Kinder bewegen und wie sie sich ernähren, hängt maßgeblich von den Bewegungsmöglichkeiten und den angebotenen Lebensmitteln ab.

Wegen dieses Zusammenhangs muss das Angebot der Schulen untersucht und gegebenenfalls verbessert werden. Die vorliegende Studie hat daher den Anspruch, im Rahmen einer Fallstudie Missstände aufzudecken. Um eine fundierte Analyse und Bewertung zu gewährleisten, müssen im Vorfeld entsprechende Grundlagen geschaffen werden. Während für die Untersuchung des Nahrungsangebots Kenntnisse über Nährstoffe notwendig sind, müssen zur Analyse des Bewegungsangebots vor allem die Grundlagen des Energieverbrauchs erläutert werden. Weiterhin werden verschiedene Maßnahmen der Adipositastherapie vorgestellt. Hierbei wird erklärt, wie eine gesunde Ernährung umgesetzt werden kann und welche Bewegungsformen für Kinder geeignet sind.

Nach der Darstellung von Untersuchungsmethoden und Ergebnissen sollen Vorgehensweise und Resultat kritisch hinterfragt werden.

Abschließend sollen Verbesserungsansätze und kostengünstige Umsetzungsmöglichkeiten vorgestellt werden.

I Grundlagen Adipositas

1 Definition und Klassifikation

Obwohl die Begriffe Übergewicht und Adipositas in der Literatur wie auch in dieser Studie oft synonym verwendet werden, bestehen definitionsgemäß Unterschiede. Während unter Übergewicht lediglich ein im Verhältnis zur Körpergröße zu hohes Körpergewicht verstanden wird, ist für eine Adipositas der Körperfettanteil ausschlaggebend. Dieser unterliegt natürlichen Schwankungen abhängig von Geschlecht und Alter, was die Diagnose im Kindes- und Jugendalter erschwert. Bei normalgewichtigen Frauen liegt der Körperfettanteil bei 20 – 24 %, bei Männern bei 10-14 %. Bei einem Körperfettanteil über 30 % (Frauen) bzw. 20 % (Männer) wird von Adipositas gesprochen (vgl. Lehrke & Laessle, 2009, S. 3; Marées, 2003, S. 409f.).

Die einfachste Methode, den Körperfettanteil zu bestimmen ist die Berechnung aus dem Body Mass Index (BMI) über spezielle Formeln. Der BMI wird durch die Formel $\frac{K\ddot{o}rpergewicht\ in\ kg}{(K\ddot{o}rpergr\ddot{o}\beta e\ in\ m)^2}$ berechnet. Er beschreibt demnach das Verhältnis zwischen Körpergröße und Körpergewicht. Diese Berechnung des Körperfettanteils ist allerdings unpräzise, da ein erhöhter BMI nicht zwangsläufig mit einem erhöhten Körperfettanteil einhergeht. Personen mit großer Muskelmasse bspw. haben ebenfalls häufig einen hohen BMI. Daher ist es ratsam, den Körperfettanteil genauer zu untersuchen (vgl. Wirth, 2008, S. 21 ff.).

Hierfür existieren mehrere, unterschiedlich präzise Methoden, die mit entsprechend unterschiedlich hohen Kosten verbunden sind. Eine der einfachsten Möglichkeiten, den Körperfettanteil zu bestimmen, ist die Umfangsmessung. Hierzu gehört z. B. die Taille-Hüft-Relation mit der man zwischen abdominaler (Konzentration in der Bauchregion, ‚Apfeltyp') und peripherer (Konzentration an Hüften und Oberschenkel, ‚Birnentyp') Fettverteilung unterscheiden kann. Aus dieser Verteilung lassen sich Schlüsse über die Risiken für verschiedene Folgeerkrankungen ziehen. So besteht bei ausgeprägter abdominaler Fettansammlung ein höheres Risiko für die meisten Folgekrankheiten. Ein anderes Verfahren besteht in der Messung der Hautfaltendicke mittels einer Messzange (Caliper). Auch hierbei kommt es zu Messungenauigkeiten. Neben einer unpräzisen Vorgehensweise durch den Untersuchenden entstehen weitaus größere Abweichungen durch das unterschiedliche Kompressionsverhalten des Untersuchungsgewebes (vgl. ebd., S. 24). Etwas genauer ist die Bestimmung der Dichte einer Person. Über die Verdrängung von Wasser bzw. Luft wird das Körpervolumen bestimmt und die Körperdichte errechnet, über die wiederum eine gute Schätzung der Körperzusammensetzung möglich ist. Eine andere vergleichsweise einfache wie auch präzise Methode ist die Bioelektrische Impedanzmessung (BIA). Hierbei werden mit Hilfe von Wechselstrom die unterschiedlichen Widerstände von Fett, Muskelmasse und Wasser ermittelt, sodass mit hoher Genauigkeit Rückschlüsse auf die Körperzusammensetzung gezogen werden können. Weitere Verfahren mit größerem Aufwand sind Infrarotspektrometrie, Ultraschall, duale „X-ray"-Absoprtionsmetrie (DEXA) sowie Computer- und Magnetresonanztomografie (vgl. ebd., S. 26ff.).

Trotz der vielen präziseren Methoden hat der BMI wegen seiner Einfachheit dennoch eine erhebliche Bedeutung als Indikator für einen erhöhten Körperfettanteil sowie als Vergleichsgröße für die Einschätzung von Gesundheitsrisiken. Der BMI eines normalgewichtigen Erwachsenen liegt zwischen 18,5 und 24,9 kg/m². Ein BMI unter 18,5 kg/m² bezeichnet man als Untergewicht. Ab einem BMI von 25 kg/m² gilt der Mensch als übergewichtig, ab 30 kg/m² als adipös (vgl. Klotter, 2007, S. 101f.).

Wie schon erwähnt, unterliegen der Körperfettanteil und somit auch der BMI von Kindern und Jugendlichen natürlichen Schwankungen. Daher müssen Alter und Geschlecht zusätzliche Berücksichtigung finden. Dies geschieht durch den Einbezug von geschlechtsabhängigen Altersperzentilen (vgl. Abb. 8, S. 135). An diesen Graphen kann man ablesen, ob ein Kind einen für sein Alter und Geschlecht normalen BMI hat. Dabei liegt der Grenzwert für Übergewicht beim 90. der Grenzwert für Adipositas beim 97. Perzentil (vgl. Lehrke & Laessle, 2009, S. 4). Bei den Altersperzentilen erfolgt der Vergleich des Kindes über populationsspezifische Referenzwerte mit anderen Kindern seines Geschlechts und Alters. Ein BMI auf dem 97. Perzentil würde demnach bedeuten, dass nur 3 % aller Kinder einen höheren BMI haben (vgl. Momm-Zach, 2002, S. 38).

16

2 Epidemiologie

2.1 Entwicklung und aktuelle Situation

Früher bedeutsame Infektionskrankheiten und Seuchen sind heutzutage u. a. durch die Erhöhung der Hygienestandards sowie die Entwicklung von Impfstoffen in den Hintergrund getreten. Auch die Behandlungssituation bei teilweise schwerwiegenden Krankheiten hat sich in den letzten Jahrzehnten erheblich verbessert, was sich vor allem in einem anhaltenden Anstieg der Lebenserwartung ausdrückt. Diese Entwicklung verschleiert jedoch, dass Menschen in unserer Gesellschaft unabhängig von Adipositas in immer jüngerem Alter krank werden (vgl. Koerber, Männle & Leitzmann, 2004, S. 9). Neben rein psychischen Erkrankungen gilt dieser Trend auch für Übergewicht und Adipositas, deren Verbreitung jedoch, ähnlich wie die von Depressionen oder Burnout, fast ausschließlich in Wohlstandsgesellschaften der westlichen Welt vorzufinden ist. So hat sich der Anteil adipöser Menschen in westlichen Industrienationen innerhalb der letzten 20 Jahre verdoppelt und ist weiter ansteigend. In Deutschland sind inzwischen ca. die Hälfte aller Erwachsenen von Gewichtsproblemen betroffen (vgl. Wittner, 2000, S. 2). Hierzu passen auch die Ergebnisse einer nationalen Gesundheitserhebung von 1998, die bei 54 % der Frauen und 66 % der Männer zwischen 18 und 79 Jahren Übergewicht nachwies. Adipositas lag demnach bei 22 % der Frauen sowie 19 % der Männer vor. Neben der Tatsache, dass Männern häufiger übergewichtig sind, Adipositas jedoch öfter bei Frauen vorkommt, wurde durch eine Untersuchung des MONICA-Projektes außerdem konstatiert, dass Frauen eher in späteren, Männer vorwiegend in jüngeren Jahren erkranken. Die Gründe dieser Altersverschiebung konnten allerdings bisher nicht eindeutig erklärt werden (vgl. Wirth, 2008, S. 40ff.).

Nach Meinung von Grünwald-Funk (2006, S. 42f.) ist der Negativ-Trend in der Gesundheit bereits deutlich in der Kindheit zu erkennen. Demzufolge leidet die Hälfte aller Kinder unter Haltungsschwächen und 30 – 40 % unter Koordinationsstörungen. Außerdem sind 20 – 30 % von einem leistungsschwachen Herz-, Kreislauf- und Atmungssystem betroffen und weitere 15 % werden als psychisch auffällig eingestuft. Dies ist nach Meinung der Autoren jedoch nur die logische Konsequenz daraus, dass sich unsere Kinder wesentlich weniger bewegen als noch vor einigen Jahrzehnten. Im internationalen Vergleich liegt Deutschland keineswegs weit hinter Nationen wie den Vereinigten Staaten von Amerika, die man i. d. R. mit Adipositas in Verbindung bringt. Der BMI liegt in Deutschland durchschnittlich nur 0,8 kg/m² unter dem BMI-Wert der USA und nimmt somit einen Platz im oberen Bereich ein (vgl. Wirth, 2008, S. 42).

2.2 Auswirkungen

Übergewicht und Adipositas werden häufig nicht als eigenständige Krankheit wahrgenommen, doch ihre Bedeutung für Folgekrankheiten liegt auf der Hand. Vor allem für Kinder sind die Auswirkungen auf Körper und Psyche massiv. Durch die Entstehung von Folgeerkrankungen wird die Leistungs- und Arbeitsfähigkeit stark beeinträchtigt, wodurch sich Adipositas und Übergewicht auch auf unser gesellschaftliches System auswirken.

2.2.1 Gesundheitliche Auswirkungen

Eine Adipositas, die im Kindesalter entsteht („childhood-onset obesity'), ist vor allem wegen ihres Fortbestehens bis ins Erwachsenenalter von hoher Bedeutung. Längsschnittstudien zeigten, dass 40 % der adipösen Kinder und sogar 80 % der adipösen Jugendlichen als Erwachsene ebenfalls einen erhöhten Körperfettanteil aufweisen. Die Grundlage für die Entstehung von Folgeerkrankungen wird demnach bereits in der Kindheit gelegt (vgl. Wittner, 2000, S. 5). Neben Schädigungen, die bereits in jüngeren Jahren einsetzen können, wie erhöhte Belastung von Gelenken und Stützapparat, Fußveränderungen und X-Beine, sind vor allem die Risiken langfristiger Erkrankungen durch Adipositas deutlich erhöht (vgl. Grünwald-Funk, 2006, S. 12). Hierzu zählen vorwiegend Krankheiten, die das kardiovaskuläre System betreffen, z. B. Bluthochdruck (Hypertonie), koronare Herzkrankheit sowie Herzinsuffizienz (vgl. Wirth, 2008, S. 44). Allein das Risiko für Bluthochdruck ist bei Übergewichtigen doppelt, bei Adipösen sogar sechsmal so hoch wie bei Normalgewichtigen. Durch die hohe Prävalenz unter übergewichtigen Personen sowie gravierende Folgen, wie Rhythmusstörungen und Arteriosklerose (mit weiterer Folge Schlaganfall), gehört Hypertonie zu den bedeutendsten Begleit- bzw. Folgeerkrankungen (vgl. ebd., S. 214). Ein ebenfalls stark erhöhtes Krankheitsrisiko durch einen hohen Körperfettanteil besteht für Diabetes mellitus Typ-2. Während beim Diabetes Typ-1 ein angeborener Defekt für den Insulinmangel verantwortlich ist, kommt es bei Typ-2-Erkrankten zu Insulinresistenz sowie einer gestörten Sekretion. Dadurch erfolgt der Anstieg der Insulinkonzentration im Blut verzögert. Allerdings steigt sie auch viel steiler an und sinkt nur sehr langsam. Von den 7 Mio. Deutschen mit Diabetes Typ-2 sind ca. 80 % adipös. Die Nurses' Health Study konnte bei präadipösen Frauen ein 15-fach erhöhtes Risiko für Diabetes Typ-2 gegenüber Normalgewichtigen nachweisen (vgl. ebd., S. 184ff.).

Ein stark erhöhtes Risiko durch Übergewicht konnte auch bei einigen Krebsformen nachgewiesen werden. Insbesondere bei Brust- (2-fach) und Gebärmutterhalskrebs (3 – 4-fach) lag dieses deutlich höher als bei Personen mit normalem BMI (vgl. Wittner, 2000, S. 2f.).

Wie diese Erläuterungen zeigen, kann die Bedeutung von Übergewicht und Adipositas für Begleit- und Folgeerkrankungen durch das relative Risiko eingeschätzt werde. Ein Schema der WHO gibt einen Überblick über die wichtigsten mit Adipositas assoziierten Erkrankungen (vgl. Abb. 9, S. 136).

Aus der massiven Schädigung des Organismus durch viele der mit Adipositas assoziierten Krankheiten resultiert auch eine erhöhte Sterblichkeit (Mortalität). Die zuvor schon erwähnte Nurses' Health Study belegte für einen geringfügig erhöhten BMI von 25 – 27 kg/m² bereits eine 60 % höhere Wahrscheinlichkeit, an kardiovaskulären Krankheiten zu sterben. Ein BMI > 32 kg/m² entspricht sogar einer Erhöhung des Risikos um 400 %. Andere Untersuchungen zeigen vor allem eine erhöhte Sterblichkeit in jüngeren Jahren. Eine Studie der US Life Tables kam zu dem Ergebnis, dass Männer im Alter von 20 bis 30 Jahren mit einem BMI von 35 kg/m² durchschnittlich eine um 3,3 Jahre geringere Lebenserwartung haben. Dabei vervielfachen ein steigender BMI sowie ein frühzeitiger Krankheitsbeginn das Risiko eines verfrühten Todes. Demnach verliert ein 20-jähriger Mann, der einen BMI über 45 kg/m² aufweist, statistisch gesehen dreizehn Jahre an Lebenszeit. Allgemein ist anzumerken, dass der Zusammenhang zwischen Körperfett und Mortalitätsrisiko bei Männern stärker ausgeprägt ist als bei Frauen (vgl. Wirth, 2008, S. 49f.).

Wie bedeutsam die Auswirkungen von Adipositas sind, verdeutlicht auch der gestiegene Anteil ernährungsbedingter Krankheiten an den Todesfällen von 16 % im Jahre 1925 auf 43 % im Jahre 1952 sowie auf 55 % im Jahre 1999 (vgl. Koerber et al., 2004, S. 8).

Dass die erhöhte Morbidität und Mortalität eine erhebliche Einschränkung der Lebensqualität Betroffener zur Folge hat, steht außer Frage. Oft sind es jedoch eher die vielen kleinen Einschränkungen des Alltags, an denen Betroffene verzweifeln. Bereits bei Kindern macht sich eine Verschlechterung der körperlichen Leistungsfähigkeit durch eine vermehrte Körperfettmasse bemerkbar. Bewegungseinschränkungen wirken sich stark auf alle Lebensbereiche aus. Atemnot und verstärktes Schwitzen schon bei geringer Belastung sind bekannte Symptome (vgl. Wirth, 2008, S. 54). Auch im psychosozialen Bereich sind die Folgen von Übergewicht besonders für Kinder bedeutsam. Anstatt Übergewichtige zu akzeptieren, wird ihnen oft mit Diskriminierung und sozialer Benachteiligung begegnet. Sofern keine Schilddrüsen- oder Stoffwechselerkrankungen bekannt sind, wird Übergewicht in der Gesellschaft als selbstverschuldet angenommen. Die Betroffenen integrieren diese Meinung in ihr Selbstbild, woraus nicht selten ein verringertes Selbstwertgefühl, Depressionen und letztendlich eine Verschlimmerung der Essstörungen resultieren. Daher kann gesagt werden, dass auch psychosoziale Aspekte erheblich zur Abnahme der Lebensqualität beitragen (vgl. Lehrke & Laessle, 2009, S. 10f.). Anders als beim Zusammenhang von Adipositas und Mortalität, der bei Männern stärker ausgeprägt ist, konnte bei Frauen eine stärkere Bedeutung psychosozialer Aspekte nachgewiesen werden. Diese Tatsache könnte dadurch begründet werden, dass Frauen bzgl. ihres Erscheinungsbildes einem höheren Druck durch Medien und Gesellschaft ausgesetzt sind als Männer (vgl. Wirth, 2008, S. 55f.). Dafür sprechen auch die Ergebnisse einer Umfrage, bei der 60 % aller Mädchen und 30 % aller Jungen angaben, unzufrieden mit ihrem Körper zu sein (vgl. Klotter, 2007, S. 96).

2.2.2 Gesellschaftliche Auswirkungen

Während Übergewicht früher ein Indikator für Wohlstand und Reichtum war, wird es heute hauptsächlich als unästhetisch wahrgenommen. Diese Ansicht entwickelt sich bereits im Kindergartenalter durch die elterliche Erziehung und das soziale Umfeld. So ist bereits in sehr jungen Altersgruppen ein Ausschluss dicker Kinder aus bestehenden Gruppen zu erkennen (vgl. Momm-Zach, 2007, S. 99f.). Schuld daran ist auch, dass Übergewicht oft mit Adjektiven wie unsauber, vergesslich, faul, unhöflich, nachlässig, meinungslos und unehrlich in Verbindung gebracht wird (vgl. Wirth, 2008, S. 99). Auch in Familien, Freizeit und Schulen findet Ausgrenzung statt. Außerdem kommt es häufig zu einer Unterschätzung der kognitiven Leistungsfähigkeit dicker Kinder, die vor allem in der Schule bedeutsam ist. Ein weiteres Problem ist, dass Adipositas oft nicht als Krankheit wahrgenommen wird, wodurch der normalerweise daraus resultierende Schutzraum wegfällt. Zusätzlich werden vielfach die Eltern für das Gewicht ihrer Kinder verantwortlich gemacht, was bei manchen Eltern einen zusätzlichen Druck erzeugen kann (vgl. Reinehr, Graf & Dordel, 2007, S. 82).

Die sozialen Nachteile sind so erheblich, dass sie in den USA durch Studien belegt werden konnten. Das Einkommen der untersuchten übergewichtigen Frauen lag 40 % unter dem normalgewichtiger. Außerdem hatten sie vergleichsweise selten einen Collegeabschluss und waren nur halb so oft verheiratet. Bei Männern konnten die gleichen Effekte nur in geringerem Ausmaß nachgewiesen werden (vgl. Wirth, 2008, S. 56f.). Diese Benachteiligung beginnt, wie eine andere Studie von Stunkard und Wadden (1992) zeigen konnte, bereits in der Schule. Hier wurde deutlich, dass Lehrer[2] einen Schüler nicht unabhängig von dessen Gewicht beurteilen können (vgl. ebd., S. 99).

Die gesellschaftliche Belastung begrenzt sich jedoch nicht nur auf Einzelpersonen, denn die Kosten, die jährlich durch Übergewicht, Adipositas sowie deren Folgeerkrankungen im Gesundheitswesen entstehen, werden von der gesamten Gesellschaft getragen. Hierbei wird zwischen direkten und indirekten Kosten unterschieden. Während die direkten Kosten sich aus der medizinischen Versorgung (Diagnose, Therapie, Rehabilitation, Prävention) zusammensetzen,

---

[2] Zur Verbesserung der Lesbarkeit werden in dieser Studie Personenbezeichnungen in der männlichen Form verwendet; gemeint sind dabei in allen Fällen Frauen und Männer.

werden die Kosten, die durch Verlust an Arbeitskraft sowie daraus resultierende frühzeitige Berentung entstehen, als indirekt bezeichnet. Die Schätzungen der verursachten Summen in der Literatur variieren jedoch stark und es wird nicht immer deutlich, ob es sich nur um direkte Kosten oder die Gesamtkosten handelt. Außerdem könnten auch unterschiedliche Interessen der Herausgeber sowie das Problem, dass oft nur Daten zu Folgeerkrankungen vorliegen, für die Diskrepanzen verantwortlich sein (vgl. ebd., S. 60). Während eine Quelle von jährlichen Kosten zwischen 30 und 40 Milliarden DM ausgeht (vgl. Wittner, 2000, S. 2), nennt das Bundesministerium für Gesundheit einen Betrag von rund 74 Mrd. € pro Jahr. Außerdem wird darauf verwiesen, dass die Kosten in den letzten 20 Jahren analog zum Anteil ernährungsabhängiger Krankheiten stark angestiegen sind (vgl. Koerber et al., 2004, S. 18). Zu ähnlichen Ergebnissen kommt eine Hochrechnung von Prof. Dr. Rudolf Schmitz, die mind. 77 Mrd. € für das Jahr 2004 veranschlagt (vgl. Müller, Vogt & Northmann, 2004, 142).

Obwohl die Gesamtsumme nicht eindeutig bestimmt werden kann, ist zumindest der Zusammenhang zwischen BMI und Gesundheitskosten, der in der KORA-Studie untersucht wurde, aufschlussreich (vgl. Abb. 10, S. 1). Hier ist ab einem BMI von 30 kg/m² ein deutlicher Anstieg der Behandlungskosten pro Jahr erkennbar. Bei einem BMI von über 35 kg/m² sind die Kosten mehr als dreimal so hoch wie bei Normalgewichtigen.

Leider liegen zu den indirekten Kosten für Deutschland keine Daten vor. Wirth (2008, S. 58) verweist jedoch auf eine Untersuchung aus Finnland von Rissanen et al. (1991), die belegen konnte, dass ein BMI über 30 kg/m² bei Männern mit einem 2-fachen Risiko einer vorzeitigen Berentung einhergeht. Bei adipösen Frauen ist das Risiko 1,5-fach so hoch wie bei normalgewichtigen.

3 Ätiologie

Vor einer genauen Betrachtung einzelner Ursachen und Auslöser ist zu verdeutlichen, dass Adipositas nicht durch eine einzige physische oder psychische
Störung ausgelöst wird. Vielmehr begünstigten Errungenschaften und Veränderungen der Gesellschaft die Entstehung und Verbreitung der Erkrankung
und tun dies immer noch. Hierfür sprechen die Parallelen von gesellschaftlichen
Entwicklungen und der Ausbreitung von Adipositas in den letzten Jahrzehnten
(vgl. Müller, 2000, S. 17). Charakteristisch für Adipositas ist auch die Verflech-
tung von physischen, psychischen und soziokulturellen Faktoren, die trotz ihres
Zusammenspiels im Folgenden voneinander getrennt dargestellt werden.

3.1 Biologische Faktoren

Biologisch gesehen ist die Ursache einer Zunahme an Körperfett eine positive
Energiebilanz. Einen solchen Energieüberschuss, der entsteht, wenn mehr
Nahrungsenergie zugeführt wird, als der Körper am Tag benötigt, speichert der
Körper in seinen Fettdepots. Dieser Zusammenhang ist gleichzeitig auch der
Schlüssel zur Reduzierung von Körperfett (vgl. Lehrke & Laessle, 2009, S. 13).
Während die Abläufe von Energieaufnahme und –verbrauch in Kapitel I 0
genauer erläutert werden, soll an dieser Stelle zunächst erklärt werden, wieso
es diesen Fettspeicher gibt. Außerdem notwendig sind Erläuterungen zu den
Prozessen der Hunger-Sättigungs-Regulation sowie zu den biologischen
Reaktionen des Körpers auf eine Zunahme an Speicherfett.

Die Frage nach dem Sinn von Fettdepots kann evolutionsbiologisch beantwortet
werden. Das menschliche Leben war Jahrtausende lang geprägt von der Suche
nach Nahrung und dementsprechend auch von Hungerzeiten. Selbst mit Beginn
des Ackerbauzeitalters war unsere Nahrungsversorgung stark von Natureinflüs-
sen abhängig und daher nicht immer gesichert. Um das Überleben in solchen
Mangelzeiten zu sichern, verfügt der menschliche Körper über ein Reservesys-
tem, das Nahrungsenergie umwandeln und speichern kann. Allerdings änderten
sich mit Beginn der Industrialisierung um 1800 die Ernährungsmöglichkeiten
und -gewohnheiten in den westlichen Industrienationen grundlegend. Anstelle

einer natürlichen und überwiegend pflanzlichen Kost traten nach und nach verarbeitete Lebensmittel mit hohem Energiegehalt und geringem Ballaststoffanteil. Letztendlich kann seit Mitte des vergangenen Jahrhunderts nicht mehr von einem Mangel die Rede sein, sondern eher von Nahrungsüberfluss. Da Anpassungen von Organismen an Veränderungen der Umwelt jedoch mehrere Jahrtausende benötigen, führten die rasanten Entwicklungen der letzen 200 Jahre zu einer Überforderung der menschlichen Anpassungsfähigkeit. Daher ist unser Körper immer noch darauf trainiert, jegliche momentan nicht benötigte Energie zu speichern, anstatt sie auszuscheiden. Die Veränderungen von Nahrungsmitteln und Bewegungsumfang führen ohne Anpassung des Körpers zwangsläufig auch zu einer veränderten Körperzusammensetzung (vgl. Koerber et al., 2004, S. 28ff.; Müller et al., 2004, S. 32).

Ebenfalls unverändert ist, dass unser Essverhalten teilweise durch biologische Regulationsmechanismen bestimmt wird. Ob wir hunger haben oder satt sind, ist von der Dehnung des Magens sowie der Blutglukosekonzentration abhängig. Diese Regulationsvorgänge werden von zentralnervösen und hormonellen Prozessen beeinflusst (vgl. Wittner, 2000, S. 6). Neben dem generellen Hungergibt es auch ein partielles Hungergefühl, das durch den Mangel bestimmter Nährstoffe ausgelöst wird. Dadurch wird man bei unausgewogener Ernährung zum Weiteressen verleitet, obwohl man bereits genug Energie aufgenommen hat.

Die Mechanismen finden unbewusst und verzögert zur Nahrungsaufnahme statt, da es dauert, bis die Nahrung im Magen angekommen ist und die Glukose ins Blut gelangt. Dadurch kommt es vor, dass man weiter isst, obwohl die bis dahin zugeführte Nahrung bereits ausgereicht hätte (vgl. Merkle & Knopf, 2005, S. 13).

Die Regulationssignale der Energieaufnahme werden unterteilt in episodische und tonische. Die Wirkung episodischer Signale ist bereits länger bekannt. Diese aus dem Magen-Darm-Trakt, dem Gehirn sowie dem Blutstrom stammenden Signale sind entweder biologisch (z. B. Leptin) oder psychologisch (z. B. Essverhalten) (vgl. Wirth, 2008, S. 66f.). Die Schaltzentrale bildet der Hypothalamus, der über das Regulatorhormon Leptin unseren Fettstoffwechsel steuert. Dieses Hormon steigert zudem die Thermogenese, erhöht den Grundumsatz und senkt die Nahrungsaufnahme. Neben Leptin beeinflussen zahlreiche andere Hormone unser Sättigungsgefühl; eins davon ist Insulin. Anders als die meisten Hormone, die bei protein- und fettreicher Kost ausgeschüttet werden (vgl. Reinehr et al., 2007, S. 8), reguliert Insulin den Blutzuckerspiegel und wandelt Kohlenhydrate so um, dass sie als Fett gespeichert werden können (vgl. Koerber et al., 2004, S. 90). Lange Zeit herrschte die Meinung vor, dass der Körper Übergewicht, anders als z. B. die Mangelerscheinungen einer Unterernährung, erst dann als solches wahrnimmt, wenn seine Funktion bereits eingeschränkt ist (vgl. Wirth, 2008, S. 78). Neuere Erkenntnisse gehen jedoch davon aus, dass die Energieaufnahme auch langfristig reguliert wird. Dieses erfolgt durch tonische Signale, die im Fettgewebe entstehen und zur Aufrechterhaltung des Körpergewichts beitragen (vgl. ebd., S. 66f.).

Eine erhebliche Relevanz besitzt auch die biologische Auswirkung kindlicher Adipositas auf das spätere Leben. Unser Körper ist so aufgebaut, dass er alle überschüssige Energie im Fettgewebe speichert. Ist die Kapazität des Depots erschöpft, muss eine Vermehrung sowie Vergrößerung der vorhandenen Fettzellen stattfinden, um die weitere Speicherung zu gewährleisten. Einmal ausgebildet werden Fettzellen nicht wieder zurückreguliert (vgl. Wittner, 2000, S. 5). Zwar haben genetische Faktoren (vgl. Kap. I 3.2) ebenfalls ihre Relevanz, doch die Vermehrung von Fettzellen in der Kindheit, die ein späteres Auftreten von Übergewicht deutlich begünstigt, ist, anders als die Genetik, beeinflussbar und sollte daher vermieden werden (vgl. Wittner, 2000, S. 5).

3.2 Genetische Faktoren

Der Einfluss genetischer Faktoren wurde größtenteils durch den Vergleich von getrennt und gemeinsam aufgewachsenen Zwillingen untersucht. Hierzu verweist Wirth (2008) auf Studien von Stunkard et al. (1986), die belegen, dass 50 – 80 % eines erhöhten BMI durch genetische Aspekte erklärt werden können. Außerdem wurde in Adoptionsstudien nachgewiesen, dass der BMI von Kindern stark mit dem ihrer leiblichen Eltern korreliert; zu dem BMI der Adoptiveltern hingegen bestand nur ein geringer bzw. gar kein Zusammenhang. Daraus kann abgeleitet werden, dass Umwelteinflüsse aus Kindergarten oder

(Adoptiv-)Familie lediglich eine untergeordnete Rolle spielen. Der Einfluss genetischer Faktoren ist jedoch auf bestimmte biologische Aspekte beschränkt und verringert sich mit zunehmendem Lebensalter (vgl. Wirth, 2008, S. 68f.). Nachgewiesen werden konnten genetische Unterschiede bei:

- der Verbrennung im Fettgewebe,
- der Muskelzusammensetzung und Oxidationspotenzial,
- der Fettpräferenz,
- der Appetitregulation,
- thermogenetischen Effekten der Nahrung,
- der spontanen körperlichen Aktivität und
- der Insulinsensitivität

(Warschburger, Petermann & Fromme, 2005, S. 25f.).

Auch der Geschmackssinn ist teilweise genetisch festgelegt. Außerdem besteht bei allen Menschen eine angeborene Präferenz der Geschmacksqualität ‚süß'. Der Grund hierfür dürfte in der menschlichen Evolution zu finden sein. Als ‚Allesfresser' galt es, zwischen Essbarem und Ungenießbarem zu unterscheiden. Der süße Geschmack reifer Früchte half uns z. B. dabei, energiereiche und ungefährliche Nahrungsquellen auszuwählen (vgl. Koerber et al., 2004, S. 59). In den ersten Lebensjahren existiert jedoch eine Neophobie[3] gegenüber unbekannter Nahrung (vgl. Kersting, 2000, S. 35). Diese verschwindet allerdings Schritt für Schritt, da sich unser Körper relativ schnell an eine Geschmacksveränderung anpasst. Dadurch besteht jedoch auch die Gefahr, dass z. B. erhöhte Zuckergehalte bereits nach wenigen Tagen als ‚normal' empfunden werden und so zur Gewohnheit werden (vgl. Koerber et al., 2004, S. 40).

Die Kenntnis der genetischen Einflüsse für Übergewicht und Adipositas ist gleichzeitig Chance wie auch Hindernis. Eine Aufklärung über die Bedeutung der Genetik für das Gewichtsproblem wird von vielen Betroffenen als entlastend erlebt. Problematisch wird es jedoch, wenn die genetischen Faktoren zur generellen Entschuldigung für sämtliches Fehlverhalten werden. Die Ansicht, dass alles genetisch vorgegeben ist, und man selbst gar nichts daran ändern kann, führt eher zur Resignation als zur gewünschten Motivation. Daher sollte

---

[3] die Angst vor dem Neuen

darauf geachtet werden, dass man kein falsches Bild der Schuld- und Machtlosigkeit erzeugt. Der Begriff ‚genetischer Einfluss' meint nicht, dass eine Adipositas ‚vererbt' wird, sondern lediglich, dass eine ungünstige Prädisposition
vorliegt, die die Entstehung von Fettreserven begünstigt. In keinem Fall ist
diese Prädisposition jedoch alleiniger Grund für Gewichtsprobleme oder macht
eine Therapie unmöglich (vgl. Warschburger et al., 2005, S. 25f.).

3.3 Bewegungsverhalten

Nachdem erläutert wurde, wieso überschüssige Energie gespeichert wird und in
welcher Weise unsere Genetik daran beteiligt ist, sollen nun die Faktoren untersucht werden, die an der Entstehung des Energieüberschusses beteiligt sind.
Grundsätzlich gilt, dass Bewegungsarmut sich negativ auf den Energieverbrauch auswirkt und so die Entstehung einer positiven Energiebilanz unterstützt (vgl. ebd., S. 29).

Die nachgewiesene Verschlechterung der Fitness 10-Jähriger in den letzten 20
Jahren wird in direktem Zusammenhang mit dem Rückgang des Bewegungsumfanges gesehen. Während sich Kinder in den 70er Jahren durchschnittlich
drei bis vier Stunden pro Tag bewegten, konnte in den 90er Jahren nur ca. eine
Stunde Bewegungszeit festgestellt werden. Stattdessen verbrachten die Kinder
im Alter zwischen sechs und zehn Jahren neun Stunden pro Tag im Liegen
bzw. fünf Stunden im Sitzen. Vor allem bzgl. Ausdauerleistung, Sprungkraft
sowie Beweglichkeit konnte eine Reduktion um 10 – 20 % festgestellt werden
(vgl. Reinehr et al., 2007, S. 71f.).

Dieser Rückgang kann zu großen Teilen durch den Wegfall der ‚Straßenkind-
heit' begründet werden. Früher war es üblich, dass Kinder in Hinterhöfen, auf
der Straße und auf öffentlichen Plätzen spielten und sich dadurch motorisch
und sozial entwickelten. Unbeaufsichtigtes Spielen und Primärerfahrungen
durch Bewegung sind wichtige Elemente der menschlichen Entwicklung. Da
sich die Wirkung dieser Erfahrungen außerdem auf emotionale und kognitive
Kompetenzen erstreckt und die Umgebung mit allen Sinnen wahrgenommen
wird, kann von einer ganzheitlichen Lernsituation gesprochen werden. Spontane Handlungen, frei von Vorgaben und Einschränkungen, ermöglichten die

Entwicklung von Fantasie, Kreativität und Selbstständigkeit. Die Erfahrungen, die Kinder sammeln sind in erster Linie vom zur Verfügung stehenden Bewegungsraum abhängig. Durch die Veränderungen unserer Gesellschaft existieren heute jedoch kaum noch frei zugängliche Bewegungs- und Erfahrungsräume. Die Gefahren durch den Straßenverkehr haben stark zugenommen und freie Plätze werden zu Wohn- oder Gewerbegebieten umgebaut (vgl. Hahn & Wetterich, 1996, S. 12).

Auch die familiären Strukturen tragen dazu bei, dass spontane Bewegungen an der frischen Luft zurückgehen. Vielmehr besteht das Leben von heutigen Kindern aus von den Eltern vorgeplanten Einzelaktivitäten, die sich im Tagesablauf aneinanderreihen. Diese Anpassung an die Lebenswelt der Eltern führt zu Einschränkungen bzgl. der Spontanität von Handlungen, der Entwicklung von Selbstständigkeit und der Vielfalt von Erfahrungen (vgl. ebd., S. 17f.).

Ein weiterer Nachteil dieser Entwicklung ist die Benachteiligung von sozial schwachen Familien. Während Kinder aus ärmeren Verhältnissen früher genauso auf der Wiese mitspielen konnten, sind die heutigen Möglichkeiten in einer Welt aus kommerziellen Sportanbietern stark reduziert. Die Kosten für Vereinsbeiträge oder benötigte Ausrüstung übersteigen die Mittel vieler Familien. Auch der Transport zum Vereinsgelände, zu Punktspielen etc. ist mit Kosten und zeitlichem Aufwand verbunden, den Eltern aus schwachen Sozialverhältnissen seltener erbringen können (vgl. ebd., S. 17f.).

Der Rückzug in Wohnungen und Häuser wird durch die fortschreitende Entwicklung von Unterhaltungselektronik verstärkt. Die ansteigende Nutzung von Fernsehen und Spielekonsolen reduziert den Anteil freier Bewegungserfahrungen. Durch die rasante Zunahme an Kanälen, Serien, Staffeln und Videospielen sowie die Ausdehnung der Sendezeit auf 24 Stunden am Tag ist die Wirkung von Medien auf körperliche Aktivität enorm (vgl. Reinehr et al., 2007, S. 86f.). Der Anteil sitzender und liegender Tätigkeiten wird dadurch stark erhöht. Diese bewegungsarmen Handlungsmuster führen zu einem reduzierten Energieverbrauch und somit bei gleichbleibendem Essverhalten zu einer positiven Energiebilanz.

Eine zusätzliche Problematik des Medienkonsums liegt in seiner Bedeutung als Stresskompensator (vgl. ebd., S. 91). Besonders Adipöse sind hier gefährdet, da sie in der Medienwelt persönliche Stärken entdecken oder Ablenkung finden. Eine Flucht in die virtuelle Welt führt jedoch stärker zu Isolation und Vernachlässigung des Kontaktes zur Außenwelt und somit zu weniger Bewegung (vgl. ebd., S. 235).

Neben dem negativen Einfluss auf unsere Energiebilanz schädigt Medienkonsum außerdem die kindliche Entwicklung. Neben der Tatsache, dass Kinder ohne ausreichende Bewegungserfahrungen koordinative Defizite aufweisen, wird auch die kognitive Entwicklung negativ beeinflusst. Dies wird dadurch erklärt, dass die Erfahrungen, die Kinder durch Medienkonsum machen, nicht ganzheitlich, sondern nur visuell und auditiv sind. Viele Kinder wissen heutzutage nicht, was Geschwindigkeit bedeutet, weil sie z. B. beim Autorennen am Computer nicht den Fahrtwind auf der Haut spüren (vgl. Hahn & Wetterich, 1996, S. 18).

Der Zusammenhang zwischen Fernsehkonsum und Übergewicht konnte statistisch belegt werden. In einer 30-jährigen Langzeitstudie wurde durch eine zusätzliche Fernsehstunde eine Erhöhung des Übergewichtsrisikos um 60 % bei 6-Jährigen sowie um 24 % bei 5-Jährigen nachgewiesen (vgl. Reinehr et al., 2007, S. 90).

Auch andere technische Errungenschaften unserer Gesellschaft haben dazu beigetragen, den Bewegungsumfang unseres alltäglichen Lebens zu reduzieren. Durch Autos und öffentliche Verkehrsmittel, Rolltreppen, Fahrstühle und andere Transportmittel ist unsere körperliche Aktivität auf das Nötigste minimiert (vgl. Klotter, 2007, S. 116).

Alle der beschriebenen Veränderungen haben eines gemeinsam: Sie können nicht rückgängig gemacht werden. Aus diesem Grund sind die Schulen besonders gefordert. Diese haben den allgemeinen Bildungsauftrag, die Entwicklung der Kinder zu selbstständigen Individuen zu fördern, alle Kinder können dort angesprochen werden und die Schulen verfügen auch über nutzbare Flächen (vgl. Hahn & Wetterich, 1996, S. 18).

3.4 Essverhalten

Nachdem Ursachen und Wirkung der Reduktion unseres Bewegungsumfanges beschrieben wurden, muss nun der andere Aspekt unserer Energiebilanz untersucht werden. Warschburger et al. (2005, S. 29) konstatieren, dass Qualität und Quantität unserer Ernährung zu einer erhöhten Energiezufuhr beitragen. Das von der nationalen Verzehrstudie ermittelte Übergewicht bei 39 % der Männer und 47 % der Frauen in der BRD wird einer überhöhten Energieaufnahme zugeschrieben. Der Untersuchung zu Folge kommt besonders dem hohen Anteil ,versteckter' Fette in Wurst-, Back- und Süßwaren eine bedeutende Rolle zu. Weitere Probleme seien zu viel Zucker in Getränken und Süßwaren sowie ein hoher Alkoholkonsum (vgl. Feldheim & Steinmetz, 1998, S.17; Reinehr et al., 2007, S. 25). Dies bestätigen weitere Studien, die belegen konnten, dass Übergewichtige täglich ca. 25g mehr Nahrungsfett zu sich nehmen als Normalgewichtige. Obwohl diese Unterschiede auf den ersten Blick nur gering ausfallen, ist die Wirkung durch ihre Dauerhaftigkeit hingegen immens. So resultiert aus einem Energieüberschuss von lediglich ca. 20 kcal[4] pro Tag (ca. 2 g Fett) eine Gewichtszunahme von 1 kg im Jahr (vgl. Wittner, 2000, S. 7ff.).

Dass die Ursache des Überschusses hauptsächlich in einer übermäßigen Fettzufuhr vermutet wird, liegt an der vergleichsweise geringen Sättigung und hohen Energiedichte (vgl. Kap. I 4.1) sowie in der direkten Einlagerung in das Speichersystem (vgl. Lehrke & Laessle, 2009, S. 15). Das grundlegende Problem der Qualität kann daher in der zu hohen Aufnahme von Fett zu Ungunsten von komplexen Kohlenhydraten und Ballaststoffen gesehen werden (vgl. Koerber et al., 2004, S. 113).

In den folgenden Unterkapiteln werden verschiedene Faktoren erörtert, die Qualität und Quantität unserer Ernährung und Bewegung negativ beeinflussen können.

---

[4] Obwohl Energiemengen heutzutage offiziell in kJ angegeben werden, verwendet die DGE in ihren Empfehlungen sowie im Analyseprogramm die veraltete Einheit kcal. Aus Gründen der Einheitlichkeit werden daher alle Energiewerte in dieser Studie ebenfalls in kcal angegeben und kJ-Angaben aus der Literatur entsprechend umgerechnet.
.

3.4.1 Einfluss psychologischer und psychischer Aspekte

Betrachtet man zunächst die Bedeutung psychischer Aspekte und psychologischer Lernprozesse auf unser Essverhalten, so wird deutlich, dass die Lust an der Nahrungsaufnahme eine große Rolle spielt. Die Lust am Essen oder auch der Genuss einer Mahlzeit wird vor allem durch den Geschmack bestimmt. Wirth (2008, S. 93) verweist diesbezüglich auf Studien von Rodin (1992), die erhebliche Auswirkungen des Geschmacks auf unsere Lebensmittelauswahl, die Nahrungsmenge sowie unsere Essgeschwindigkeit einschließlich Kauverhalten belegen konnten. Weiterhin konnte gezeigt werden, dass Adipöse mehr Genuss beim Essen empfinden, wodurch sie häufiger besonders schmackhafte, d. h. kalorienreiche Lebensmittel konsumieren und auch mehr verzehren als Normalgewichtige.

Ein Weiteressen trotz bereits vorhandener Sättigung findet jedoch nicht nur aus Genuss statt, sondern teilweise auch durch Druck von außen. So gehört es sich nach Meinung vieler, vor allem älterer Menschen, seine Mahlzeit vollständig aufzuessen (vgl. Reinehr et al., 2007, S. 97). Die Nahrungsaufnahme wird allerdings bereits im Säuglingsalter durch natürliche Mechanismen reguliert. Durch den Zwang, Trinkflasche bzw. Teller zu leeren, wird nicht nur die akute Energieaufnahme erhöht, sondern langfristig gesehen auch die Bedeutung äußerer Reize verstärkt. Dies kann eine Störung der natürlichen Hunger-Sättigungs-Regulation zur Folge haben (vgl. Grünwald-Funk, 2006, S. 23). Reizvoll ist jedoch nicht nur der Wunsch, gesellschaftliche Erwartungen zu erfüllen, sondern auch, sich genau diesen Erwartungen zu widersetzen – der sog. Reiz des Verbotenen. Wenn Süßigkeiten und fettreiche Lebensmittel aus dem Umfeld verbannt werden, so entwickelt sich besonders bei Kindern eine Zunahme an Attraktivität, die das Einhalten eines Ernährungsplanes nahezu unmöglich macht (vgl. Klotter, 2007, S. 97). Wird eine solche Grenze dann nur geringfügig überschritten, wird oft die kognitive Kontrolle außer Kraft gesetzt, worauf eine unkontrollierte Nahrungsaufnahme folgen kann. Der Wechsel zwischen strenger Mäßigung und unkontrolliertem Essen führt auf Dauer zu einem höheren Körperfettanteil (vgl. Lehrke & Laessle, 2009, S. 22).

Da die Kraft externer Reize enorm ist, werden die Mechanismen natürlich von der Wirtschaft genutzt, z. B. in der Lebensmittelwerbung (vgl. Kap. I 3.4.3).

Nach dem Prinzip des klassischen Konditionierens werden dort gezielt Produkte mit positiven Reizen verknüpft (vgl. Klotter, 2007, S. 45). Aber auch die Grundsätze des operanten Konditionierens beeinflussen die Balance zwischen natürlicher Sättigung und der Wirkung äußerer Reize. So wirkt Essen bei übergewichtigen Personen in besonderer Weise als positiver Verstärker. Vor allem zur Belohnung von Kindern setzen Eltern oft Süßigkeiten und Lieblingsmahlzeiten ein. Bei diesem Verhalten besteht die Gefahr, dass die Verstärkungsprinzipien so stark verinnerlicht werden, dass sie später an der eigenen Person angewandt werden, z. B. wenn man sich mit besonderem Essen oder Alkohol für eine Anstrengung belohnt (vgl. ebd., S. 47).

Doch Nahrung dient nicht nur als Belohnung bei positiven Ereignissen. Auch bei negativen Emotionen wird das Essverhalten vom physiologischen Bedürfnis entkoppelt. Deshalb ist die Nahrungsaufnahme, wie Untersuchungen zeigen konnten, durch Stressoren wie Ärger, Konflikte, Prüfungen, Arbeit, Einsamkeit, Trauer aber auch Langeweile erhöht. Vermutet wird, dass diese Faktoren den Einfluss der kognitiven Kontrolle verringern und der durch Emotionen veränderte Hormonhaushalt zusätzlich unsere Hunger-Sättigungs-Regulation beeinflusst. Der emotionale Einfluss ist jedoch von Mensch zu Mensch unterschiedlich. Während eine stark erhöhte Nahrungsaufnahme, teilweise sogar mit Fressattacken, das eine Extrem bildet, kann es auf der anderen Seite auch zu einer Reduzierung bis hin zur totalen Verweigerung von Nahrung kommen (vgl. Wirth, 2008, S. 101). Auch Reinehr et al. (2007, S.13) schreiben der Entkopplung der Nahrungsaufnahme von Hunger und Sättigung einen erheblichen Einfluss zu. Bei Kindern kann z. B. Vernachlässigung oder die Scheidung der Eltern die Änderung des Essverhaltens auslösen bzw. begünstigen.

In doppelter Hinsicht negativ zu bewerten ist, wenn die Eltern in solchen Fällen versuchen, fehlende Zeit und mangelnde Aufmerksamkeit durch die Versorgung mit Süßigkeiten und Lieblingsspeisen zu kompensieren. Dadurch wird Nahrung zum Ersatz für Liebe und Geborgenheit. Die Kinder lernen, sich mit Essen zu trösten (vgl. Momm-Zach, 2007, S. 108). Die Anfänge dieser Fehlentwicklung werden bereits in der Ernährungsversorgung von Säuglingen vermutet.

„Wird im ersten Lebensjahr der Wunsch nach Aufmerksamkeit und Liebe überwiegend durch Nahrung anstatt durch intensive Beschäftigung wie Spielen, Singen oder Sprechen befriedigt, findet keine adäquate Befriedigung des Kinderwunsches statt. Die natürlichen Bedürfnisse des Kindes werden durch Nahrung gestillt und so nimmt das Essen einen emotionalen Stellenwert ein" (vgl. Momm-Zach, 2007, S. 20).

Auch unabhängig vom Zwang aufzuessen hat die Portionsgröße einer Mahlzeit Einfluss auf die Nahrungsaufnahme. So konnte eine Studie aus Pennsylvania von Rolls et al. (2002) nachweisen, dass die Vergrößerung von Portionen zu einer Steigerung der Nahrungsaufnahme von bis zu 30 % führt (vgl. Wirth, 2008, S. 96). Eine Reaktion auf den externen Stimulus ‚Portionsgröße' findet bereits ab einem Alter von fünf Jahren statt (vgl. Reinehr et al., 2007, S. 35).

Nun sollte man eigentlich davon ausgehen, dass unsere Handlungen durch unser Wissen bestimmt werden. Doch wie eine Studie, in der die Probanden Lebensmittel hinsichtlich ihrer Wirkung auf Körperfett einteilen sollten, zeigt, wird unser Wissen durch psychologische Aspekte manipuliert. In der Untersuchung stuften die Probanden kleine Schokoriegel (47 kcal) als bedeutsamer für die Entstehung von Übergewicht ein als eine Mahlzeit, bestehend aus Käse und Gemüse, die jedoch mit 569 kcal ca. zwölf Mal so energiereich war. Daraus kann geschlossen werden, dass ‚kognitive Stereotype' dazu verleiten, falsche Ernährungsentscheidungen zu treffen und es daher nicht sinnvoll ist, Lebensmittel in gesund und ungesund zu unterteilen (vgl. Klotter, 2007, S. 120).

Ein anderes Problem entsteht durch die ‚Kurzsichtigkeit' des Menschen. Die Notwendigkeit einer Veränderung wird oft nicht erkannt, weil die Folgen von Ernährung und Bewegung weit in der Zukunft liegen, wodurch sie kaum wahrgenommen werden und zudem unsicher scheinen (vgl. Lücke, 2007, S. 16).

Abschließend kann gesagt werden, dass die Vielzahl der psychologischen und psychischen Einflüsse die natürlichen Regulationsmechanismen massiv stören. Dadurch fällt es Adipösen oft schwer, zwischen Hunger, Durst, Appetit und Sättigung zu unterscheiden. Außerdem entstehen häufig Fehleinschätzungen bzgl. Energiegehalt und Nahrungsmenge. Hierbei kann das häufige Unterschätzen der Nahrungsmenge durch Adipöse teilweise auch auf eine gewisse Scham zurückgeführt werden (vgl. Reinehr et al., 2007, S. 97). Grundsätzlich gilt zwar, dass die meisten psychologischen und psychischen Aspekte jeden Menschen beeinflussen, eine Gefahr besteht jedoch erst, wenn sich solche Verhaltensweisen tief im Individuum festsetzen und zu Gewohnheiten werden. Durch die

Wiederholung bestimmter Prozesse können aus Gewohnheiten sogar Bedürfnisse werden (vgl. Rößler-Hartmann, 2007, S. 53f.).

3.4.2 Einfluss soziokultureller Aspekte

Während die oberen Schichten sich früher durch ‚Wohlstandsbäuche' absetzten, wurden die Rollen des Körpergewichts als Mittel der sozialen Distinktion vertauscht. In unserer Überflussgesellschaft stellt die Ernährungsversorgung im Allgemeinen kein Problem mehr dar. Vor allem fett- und zuckerhaltige Nahrungsmittel sind ausreichend vorhanden. Die neue Herausforderung besteht folglich darin, Kontrolle und Disziplin zu bewahren, wodurch Schlankheit zum neuen Symbol für die obere soziale Schicht geworden ist. Für Angehörige der unteren sozialen Schichten hingegen steht der momentane Genuss vor langfristigen Zielen, deren Erreichen als unwahrscheinlich eingeschätzt wird. Aus dieser Machtlosigkeit können depressive Reaktionen folgen, die ihrerseits eine Erhöhung der Nahrungsaufnahme begünstigen (vgl. Klotter, 2007, S. 111ff.). Doch durch den Wunsch, sich gesellschaftlich von anderen abzugrenzen, entsteht ebenfalls Druck, denn zu gehobenen Gesellschaften gehören auch exklusive Lebensmittel. Wenn Kaviar, Champagner und andere ‚Appetizer' nicht aus dem physiologischen Bedürfnis heraus konsumiert werden, sondern weil es ‚schick' ist, erfolgt ebenfalls eine Entkopplung der Nahrungsaufnahme vom Hungergefühl, die negative Konsequenzen haben kann (vgl. Warschburger et al., 2005, S. 30).

Damit eine Gruppe sich von anderen abgrenzen kann, müssen die einzelnen Gruppenmitglieder miteinander verbunden werden. Auch diese Verbindung kann durch Nahrungsaufnahme erreicht werden. Die Tischgesellschaft ermöglicht eine solche Verbindung, indem sie seelische, kulturelle und soziale Funktionen wie z. B. Kommunikation erfüllt (vgl. Koerber et al., 2004, S. 20). „Die Ausweitung der individuellen Nahrungsaufnahme zu einer Mahlzeit, bei der die soziale Situation das tragende Element darstellt, kann als Umwandlung des individuell physischen Essvorgangs in eine kulturelle Angelegenheit betrachtet werden" (Rößler-Hartmann, 2007, S. 29). Betrachtet man allerdings die Entwicklung von familiären Essgemeinschaften in den letzten Jahrzehnten, kann man erhebliche Veränderungen erkennen. Während Kinder ihre Mahlzeiten früher zumindest mit einem Elternteil einnahmen, ist diese ‚Tradition' weitestgehend verschwunden. Innerhalb der Woche isst man höchstens gemeinsam zu Abend oder frühstückt am Wochenende zusammen. Gründe hierfür werden in langen Arbeitszeiten, Ganztagsschulen und Schichtarbeit gesehen. Die rückläufige Bedeutung der Gemeinschaft beim Essen verankert sich im Erfahrungsraum der Kinder und begünstigt späteres Fehlverhalten (vgl. ebd., S. 32). So kann eine mögliche Ursache für schlechte Ernährungsgewohnheiten im Fehlen familiärer Vorbilder gesehen werden (vgl. Reinehr et al., 2007, S. 72).

Die erste Gemeinschaft, die ein Mensch kennenlernt, ist die Familie. Im Laufe des Lebens wird aus einem hilflosen Säugling zunächst ein Kind, das lernt, seine Ernährungsversorgung zunehmend selbst zu gestalten, und schließlich ein Erwachsener mit völlig eigenem Essverhalten (vgl. Rößler-Hartmann, 2007, S. 24). Neben den familiären Einflüssen gewinnen bei dieser Entwicklung mit zunehmendem Alter auch Peergroups an Bedeutung. Bedingungen für den Einfluss Gleichaltriger (auch aller anderen) auf Konsumwünsche sind jedoch Ähnlichkeit, Attraktivität und Erreichbarkeit. Nur wenn ein Kind über die gleiche Kaufkraft verfügt wie seine Clique, bzw. wenn ähnliche Vorlieben bzgl. Nahrung bestehen, kann die Bezugsgruppe verhaltensbildend wirken. Doch leider ist gesundes Essen in der Jugend nicht so populär wie Fast Food und Süßigkeiten oder auch erste alkoholische Getränke, wodurch diese Einflüsse eher als negativ zu bewerten sind (vgl. Merkle & Knopf, 2005, S. 14).

Während in sozial starken Verhältnissen Vorbilder wegen zeitintensiver Berufe häufig fehlen, verbringen Eltern in unteren Schichten mehr Zeit im eigenen Haushalt. Die Vorbilder, die hier demnach stärker vorhanden sind, haben jedoch aufgrund des Zusammenhangs zwischen Sozialstatus, ungünstigem Ernährungsverhalten und hohem Medienkonsum meistens einen negativen Einfluss. Daraus folgt, dass Kinder aus schwächeren Sozialverhältnissen das ungesunde Ernährungsverhalten der Eltern regelrecht erlernen und in das eigene Handlungsrepertoire integrieren (vgl. Klotter, 2007, S. 26; Reinehr et al., 2007, S. 85f.). Zusätzlich wird bei Menschen aus sozial schwachen Verhältnissen ein erhöhter Lebensstress vermutet. Hierzu gehören Schlaf- und Konzentrationsprobleme, mangelndes Selbstbewusstsein sowie Verhaltens- und

Sprachstörungen. Diese Stressoren können sich negativ auf Ess- und Bewegungsgewohnheiten auswirken (vgl. Kap. I 3.4.1).

Ein weiteres Problem ist, dass Eltern aus sozial schwächeren Verhältnissen
generell seltener zum Arzt gehen und auch beim Übergewicht der Kinder sehr
spät handeln. Aber auch der ärztliche Rat abzunehmen bewirkt ohne die
familiäre Unterstützung wenig. Nicht immer sind Eltern aus sozial schwachen
Verhältnissen in der Lage oder dazu bereit ihre Kinder zu unterstützen (vgl.
Klotter, 2007, S. 172).

Der Zusammenhang zwischen Adipositas und Schichtzugehörigkeit konnte
bereits in einer Untersuchung von Goldblatt et al. (1965) statistisch belegt
werden. Während Männer mit einem niedrigen sozioökonomischen Status
doppelt so häufig von Adipositas betroffen waren wie Männer der Oberschicht,
zeigte sich bei Frauen sogar ein 6-facher Unterschied (vgl. Wirth, 2008, S. 56).
Es kann davon ausgegangen werden, dass der Zusammenhang zwischen
Adipositas und Schichtzugehörigkeit heute noch stärker ausfällt als 1965.

Die oben beschriebenen Aspekte der familiären Essgemeinschaft könnten eine
andere Entwicklung beeinflusst haben, in der Warschburger et al. (2005, S. 29)
einen weiteren Grund für die Entstehung von Adipositas in Familien unterer
Schichten sehen. Es wird vermutet, dass ein Auslassen des Frühstücks, das in
Familien mit niedrigem Sozialstatus häufig vorkommt, Heißhungerattacken
sowie einen hohen Außer-Haus-Verzehr zur Folge hat und dadurch eine
überhöhte Energiezufuhr begünstigt.

Parallel zur sinkenden Bedeutung der Tischgemeinschaft veränderte sich auch
unsere Arbeits- und Lebenswelt. Immer mehr Familienmütter gehen arbeiten
und üben teilweise sogar mehrere Jobs aus. Dadurch haben sich die Zeitressourcen für Tätigkeiten im Haushalt reduziert, was sich auch in einem Rückgang der häuslichen Nahrungszubereitung bemerkbar macht. Daraus resultiert
ein stärkerer Konsum von sog. Convenience-Produkten (vorgefertigter Speisen)
und Fast Food (vgl. Koerber, 2004, S. 150). Auch Klotter (2007, S. 167) bestä-
tigt, dass der Außer-Haus-Verzehr stark zugenommen hat. Oft wird aus zeitli-
chen Gründen Fast Food konsumiert, das in den seltensten Fällen den ernährungsphysiologischen Bedürfnissen entspricht. Ohne die notwendigen

gesunden Angebote würde auch ein besseres Ernährungswissen das Problem nicht lösen.

Diesbezüglich konnte die DONALD-Studie ermitteln, dass ca. ein Sechstel der weiblichen sowie ein Drittel der männlichen Jugendlichen mindestens einmal pro Woche einen Schnellimbiss besuchen. Die Häufigkeit des Konsums ist jedoch nicht nur vom Geschlecht, sondern auch vom Alter abhängig. Der Wert der Jugendlichen ist 2,5-fach so hoch wie der von Vorschulkindern (vgl. Reinehr et al., 2007, S. 30). Außerdem konnte beobachtet werden, dass die Gewichts-zunahme einer Personen stark mit der Häufigkeit seines Fast Food-Verzehrs zusammenhängt (vgl. Wirth, 2008, S. 97). Dabei ist offensichtlich, dass eine Ernährung durch Fast Food wegen der hohen Anteile an Fett, Zucker und Geschmacksverstärkern insgesamt deutlich ungesünder ist als der Verzehr selbstständig zubereiteter Kost. Da die meisten Fast Food Produkte nahezu ballaststofffrei sind, ist ihr Sättigungseffekt vergleichsweise kurz (vgl. Kap. I 4.4). Deshalb kommt es häufig zu größeren Zwischenmahlzeiten. Dabei ist den Konsumenten allerdings oft nicht bewusst, dass Burger, Pommes frites und Limonade zusammen ca. 1400 kcal liefern und somit in etwa 77 % des Ener-giebedarfs von Kindern (45 % bei Jugendlichen) decken (vgl. Reinehr et al., 2007, S. 29ff.).

Doch Fast Food und Convenience-Produkte sind nicht die einzigen Entwicklun-gen der Industrie, die Einfluss auf unsere Ernährung nehmen. Auch die Vergrö-ßerung von Portionspackungen führen zur gesteigerten Zufuhr meist ungesun-der Produkte. Vor allem Softdrinks werden seit einigen Jahren, anders als früher, in 1,5- oder sogar 2L Flaschen angeboten. Ähnlich vergrößert haben sich die Packungen von fettreichen Lebensmitteln wie Pommes frites und Hamburgern. Natürlich folgt aus einer größeren Packung nicht zwangsläufig ein höherer Konsum, aber durch die Veränderungen werden zumindest die Rah-menbedingungen für einen größeren Verbrauch und damit auch für eine positive Energiebilanz geschaffen. Außerdem können die größeren Portionen direkt zu einem gesteigerten Konsum verleiten (vgl. Kap. I 3.4.1; Wirth, 2008, S. 96). Zusätzlich wird dem Verbraucher oft ein falsches Bild der Inhaltsstoffe vermittelt. Durch komplizierte Angaben werden vor allem Zucker- und Fettge-halte aber auch Zusatzstoffe verschleiert (vgl. Klotter, 2007, S. 116).

Ein weiterer Trick der Lebensmittelindustrie besteht darin, das Interesse von Kindern zu wecken und durch dessen Mitspracherecht den Einkauf der Eltern zu beeinflussen. Durch die Zugabe von Stickern, Spielzeug oder Sammelkarten in Verpackungen sollen Kinder gelockt werden. Gelingt dies, werden Einkaufs-entscheidungen von physiologischen Bedürfnissen entkoppelt und ungesunde Produkte nur wegen der Verpackungszugabe gesunden Lebensmitteln vor-gezogen (vgl. Momm-Zach, 2007, S. 100). Diese Probleme werden durch die mediale Vermarktung verstärkt (vgl. Kap. I 3.4.3).

Neben der Entwicklung von Convenience-Produkten, Fast Food und Süßigkei-ten sowie entsprechende Tricks der Vermarktung ist ein weiterer Trend darin erkennbar, den Anteil gesunder Inhaltsstoffe in Lebensmitteln zu Gunsten ungesunder zu reduzieren. Durch die Herstellung hochgereinigter Lebensmittel wie Auszugsmehl oder raffiniertem Zucker wird die Nährstoffdichte (vor allem der Ballaststoff- und Vitamingehalt) verringert und die Energiedichte erhöht (vgl. Manz, 2000, S. 11). Insgesamt findet dadurch eine „Verschlechterung der ernährungsphysiologischen Qualität" statt (Koerber et al., 2004, S. 35f.). Ähnlich negativ ist auch die Herstellung tierischer Produkte zu bewerten, bei der ein Großteil des weltweit direkt verzehrbaren Getreides an Tiere verfüttert wird. Dies ermöglicht, tierische Produkte häufig und in großen Mengen zu verzehren, was zu einer erhöhten Aufnahme von Fett führt. Ein anderer Nachteil ist, dass gesunde Nahrung und Wasser verloren gehen, die Hunger und Durst in der Welt mindern könnten (vgl. Koerber et al., 2004, S. 20). Abgesehen von den dargestellten negativen Veränderungen der Ernährungssituation durch die Verarbeitung von Lebensmitteln, sollte man auch bedenken, „[...] dass die Angebotsvielfalt von Nahrungsmitteln in Industrieländern und deren nahezu uneingeschränkte Verfügbarkeit hinsichtlich Ort und Zeit zur gesteigerten Nahrungsaufnahme »verführt«" (Wirth, 2008, S. 97).

3.4.3 Einfluss der Medien

Der Konsum von Medien hat nicht nur eine negative Wirkung auf unser Be-wegungsverhalten und somit auf den Energieverbrauch, sondern auch auf die Energieaufnahme. Die Nutzung von Medien trägt dazu bei, dass Nahrungsauf-nahme vom Hungergefühl entkoppelt wird (vgl. Kap. I 3.4.1). Häufig werden vor dem Fernseher oder Computer große Mengen energiereicher Lebensmittel (Snacks) unkontrolliert konsumiert. Fachleute schreiben bis zu 60 % des Übergewichtes diesem Verhalten zu (vgl. Wittner, 2000, S. 5). Problematisch ist hierbei, dass zusätzlich zu den Mahlzeiten überflüssige Energie aufgenommen wird. Auch wenn das Snacking-Verhalten den Hunger reduziert, besteht eine negative Wirkung, denn später folgende gesündere Lebensmittel könnten vernachlässigt werden (vgl. Diehl, 2000, S. 31).

Das Fernsehen nimmt innerhalb der Medienwelt eine Sonderrolle bzgl. der Wirkung auf unsere Ernährung ein, denn es beeinflusst unser Ernährungswissen und unsere Konsumwünsche. Teilweise geschieht dies beabsichtigt und gezielt. Die Lebensmittelindustrie betreibt erheblichen Aufwand, um Personen von ihren Produkten zu überzeugen. Ob ein potenzieller Konsument sich von den Argumenten der Werbung überzeugen lässt, hängt vor allem von seinem Wissen über das beworbene Produkt ab. Da bei vielen Themen unserer Gesellschaft die wissenschaftlichen Meinungen stark voneinander abweichen und sogar gegenteilige Positionen einnehmen, stellt sich bzgl. Ernährung zunächst die Frage, ob ein allgemein anerkanntes Wissen existiert. Vernachlässigt man bei dieser Frage kommerzielle Ratgeber und extreme Theorieansätze, so stellt man fest, dass sich die Experten zumindest in den Grundzügen einig sind. Trotz dieser positiv zu bewertenden Basis scheint das nötige Wissen noch nicht in der Bevölkerung angekommen zu sein. Zusätzlich zum Mangel an Aufklärung kann sogar von einer gezielten Desinformation durch die Medien gesprochen werden. Insbesondere die Werbung der Lebensmittelindustrie beeinflusst stark das Ernährungswissen und somit auch das Konsumverhalten vieler Menschen (vgl. Koerber et al., 2004, S. 11). Welche Bedeutung der Lebensmittelwerbung innerhalb der Werbebranche zukommt, kann anhand der Kostenverteilung verdeutlicht werden. Im Jahre 1997 wurden in Deutschland 91 % aller Werbekosten (dies entsprach 966 Mio. DM) für Süßwaren-Clips ausgegeben. Kritisch werden vor allem die Werbefreiheiten der privaten Programme beurteilt, da Kinder hauptsächlich dort ausgestrahlte Sendungen anschauen. Die weniger strengen Gesetzesauflagen bzgl. Werbung bei RTL, RTL 2, Super RTL und Pro 7 machen sich vor allem im Wochenendprogramm bemerkbar. Dadurch konnte sich die tägliche Werbezeit z. B. bei RTL von durchschnittlich einer knappen

Stunde im Jahre 1989 auf fast 200 Minuten im Jahre 1997 vervielfachen (vgl. Diehl, 2000, S. 27ff.). Auch die Gewichtung einzelner Produktgruppen innerhalb der Werbung ist aufschlussreich (vgl. Abb. 1).

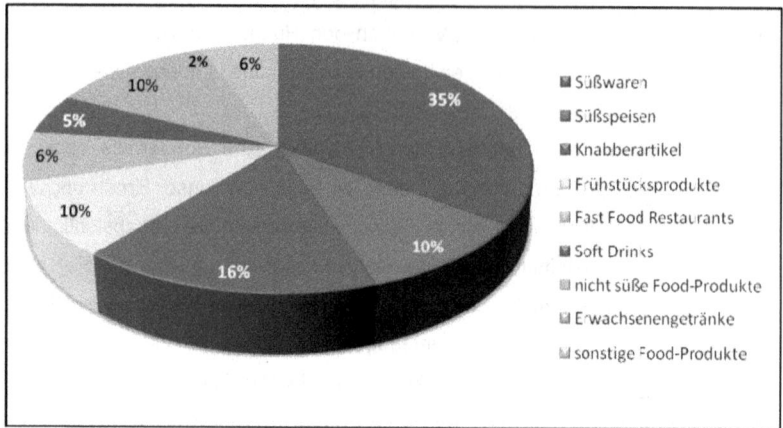

Pie chart with segments labeled: 35%, 6%, 2%, 10%, 5%, 6%, 10%, 16%, 10%, 10%. Legend:
- ■ Süßware1
- ■ Süßspeisen
- ■ Knabberartikel
- ⊔ Frühstücksprodukte
- ⊔ Fast Food Restaurants
- ■ Soft Drinks
- ⊞ nicht süße Food-Produkte
- ⊔ Erwachsenengetränke
- ⊔ sonstige Food-Produkte

Abbildung 1   Verteilung der Produktgruppen in der Werbung auf RTL an Sonntagen in der Zeit von 7 – 13 Uhr

Abgeleitet aus dieser Produktverteilung innerhalb der Werbung zu kinderfreund-lichen Zeiten könnte man die Ratschläge der Werbeindustrie folgendermaßen zusammenfassen: „Eine gute Ernährung besteht zu 60 % aus Süßigkeiten, Süßspeisen und fetten Knabberartikeln, ergänzt durch reichlich Fast Food und stark gezuckerte Frühstücksprodukte, wobei die Flüssigkeitszufuhr möglichst in Form von gezuckerten Limonaden und Säften erfolgen sollte" (Diehl, 2000, S. 31).

Auch Reinehr et al. (2007, S.27) verweisen auf die wachsende Bedeutung von Werbung. Lebensmittelwerbung nimmt demnach nicht nur 30 % der Werbezeit ein, sondern außerdem bis zu 15 % der kompletten Sendezeit. Mit der Empfeh-lung von zucker- sowie fetthaltigen Lebensmitteln widerspricht Werbung dabei jedoch massiv den wissenschaftlichen Vorstellungen einer gesunden Ernäh-rung.

Doch auch die eigentlichen Sendungen nehmen Einfluss auf unser Essver-halten. Dabei werden gesundheitsrelevante Themen der Ernährung viel zu selten und wenn dann nur in Informationssendungen behandelt. In den meisten TV-Formaten wird Essen jedoch entweder als genussvolles Erlebnis oder notwendiges Übel dargestellt. Die durchschnittliche Zeit, in der ein Bezug zur Ernährung hergestellt wird, macht zwar mit ca. 11 % der Sendung nur einen relativ geringen Teil aus, doch auch hier werden oft ungesunde Lebensmittel sowie ungünstige Gewohnheiten dargestellt. Wie eine Untersuchung von US-Serien – durchgeführt von Kaufmann (1980) – belegen konnte, handelte es sich bei etwa 30 % der dargestellten Lebensmittel um Süßigkeiten. Außerdem wurde Nahrung übermäßig oft als Snack dargestellt und Durst hauptsächlich durch Kaffee, Softdrinks und Alkohol ‚gelöscht' (vgl. Lücke, 2007, S. 28). Während auch bei allen deutschen Sendern eine bevorzugte Darstellung von Süßem zu erkennen ist, kommt bei beiden öffentlich-rechtlichen Kanälen ein häufiger Verzehr von Fleisch hinzu (vgl. ebd., S. 304 ff.). Diese Darstellungen während einer Sendung werden hauptsächlich unterbewusst verarbeitet. Bei Werbung hingegen sind wir in der Lage, Vermarktungsstrategien zu durchschauen und ‚Ratschläge' zu ignorieren. Abgesehen davon, dass es jungen Kindern für dieses Erkennen an den notwendigen Erfahrungen mangelt, ist das menschliche Gehirn außerdem erst ab einem gewissen Alter in der Lage, zwischen Sendung und Werbung zu unterscheiden. Dadurch werden Werbespots nicht als Unterbrechung der Sendung, sondern als mediale Realität wahrgenommen, wodurch glücklich aussehende Werbefiguren zu erstrebenswerten Vorbildern werden können (vgl. ebd., S. 315).

Der Einfluss von Fernsehkonsum auf Nahrungswünsche konnte sogar durch eine Studie nachgewiesen werden. Hierbei wurde aus der starken Korrelation von Nutzungsdauer und ungünstigen Vorlieben eine erhebliche Wirkung von Medien auf das Essverhalten der Kinder im Alter zwischen zehn und zwölf Jahren abgeleitet (vgl. Lücke, 2007, S. 32 zitiert nach Signorielli und Lears (1992)). Diesbezüglich stellt sich zu Recht die Frage, weshalb der mediale Einfluss nicht für eine Verbesserung des Essverhaltens genutzt wird. Schließlich wünschen sich Umfragen zu Folge über drei Viertel der Befragten mehr Informationen bzgl. Ernährung und Gesundheit (vgl. Lücke, 2007, S. 16f.).

3.4.4 Kognitiver Einfluss auf das Essverhalten

Werden Betroffene gefragt, warum sie Ernährungsempfehlungen nicht umsetzen, werden als Grund oft höhere Preise gesunder Lebensmittel genannt (vgl. Klotter, 2007, S. 166f.). Während dies in Grenzen auf Obst und Gemüse zutrifft, sind natürliche Grundnahrungsmittel jedoch relativ preiswert. Vergleichsweise teurer sind Convenience-Produkte, Feinbackwaren, Süßigkeiten und Softdrinks, denn deren industrielle Entwicklung und Produktion müssen schließlich mit gezahlt werden. Außerdem sorgen diese Produkte aufgrund ihrer geringen Ballaststoffgehaltes für ein kurzes Sättigungsgefühl (vgl. Kap. I 4.4). Aus diesen Erkenntnissen kann gefolgert werden, dass das schlechte Ernährungsverhalten sozial schwacher Familien mehr durch einen Mangel an Wissen und Zubereitungsfertigkeiten begründet werden kann als durch das Fehlen finanzieller Mittel (vgl. Koerber, 2004, S. 149).

Da das familiäre Umfeld die ersten und prägnantesten Einflüsse auf unsere Entwicklung hat, ist auch das dort erworbene Wissen von wesentlicher Bedeutung. Allerdings fehlt es nicht nur in sozial schwachen Familien an Wissen und Fertigkeiten. Dieses wurde lange Zeit von einer Generation zur nächsten weiter gereicht. Doch die Veränderungen der Arbeits- und Lebenswelt und die Auflösung der klassischen Rollenverteilung haben auch die familiäre Vermittlung von Ernährungswissen und Zubereitungsfertigkeiten beeinflusst. So konnte die IGLO-Forum-Studie 1995 einen starken Rückgang der häuslichen Lernfelder nachweisen (vgl. Rößler-Hartmann, 2007, S. 14). Vor allem in den jüngeren Elterngenerationen werden zudem Kinder immer häufiger komplett von der Hausarbeit freigestellt, um durch mehr Lernzeit einen möglichst guten Schulabschluss zu erlangen. Obwohl besonders jüngere Kinder ein natürliches Interesse für die häuslichen Tätigkeiten der Eltern zeigen und Spaß am Helfen haben, fehlt den Erwachsenen oft die Zeit. Arbeitsschritte zu erklären und von Ungeübten ausführen zu lassen, dauert meistens länger, als wenn man es schnell alleine erledigt. Wenn es zur Mithilfe kommt, dann werden häufig Arbeiten mit geringem Stellenwert verlangt. Doch durch unbeliebte Tätigkeiten, wie Abwaschen oder Müll rausbringen, ist der Lerneffekt sehr beschränkt und das kindliche Interesse geht verloren (vgl. ebd., S. 38f.). Eine weitere Folge aus dem Zeitmangel der Eltern ist eine vermehrte Nutzung von Fertigprodukten, wodurch der mögliche Lerninhalt zusätzlich minimiert wird (vgl. ebd., S. 15). Außerdem verhindert der frühe Einsatz dieser Produkte (teilweise schon im 1. Lebensjahr), dass Kinder den Geschmack natürlicher Lebensmittel kennen- und wertschätzen lernen. Dadurch gewöhnen sie sich an die verarbeiteten Lebensmittel, mit hohem Zucker-, Salz- und Fettanteil sowie künstlichen Aromen und Geschmacksverstärkern (vgl. Kersting, 2000, S. 37).

Wie deutlich wurde, ist die häusliche Vermittlung von Ernährungswissen und Zubereitungstechniken rückläufig und schon lange nicht mehr ausreichend. Somit leistet sie ihren passiven Beitrag zur Entstehung von Übergewicht und Adipositas. Doch vor allem wegen der gesellschaftlichen Veränderungen ist die Frage wichtig, was uns außerhalb der Familie noch als Wissensquelle und damit als Gegenregulationsmaßnahme zu den medialen Manipulationsversuchen dienen kann. Die allgemeinbildenden Aufgaben der Schule, Menschen auf das spätere Leben vorzubereiten und Wissen zu vermitteln (vgl. Heymann, 1990, S. 21 – 25), sprechen für eine Berücksichtigung der Ernährungserziehung in allen Schulformen. Betrachtet man jedoch die aktuelle Einbindung des Themas in den Fächerkanon, so erkennt man zunächst erhebliche Unterschiede zwischen Bundesländern und Schulformen. Während Haushaltslehre an Haupt- und Gesamtschulen teilweise zum Fach Arbeitslehre gehört und damit zwangsläufiger Bestandteil der Schulausbildung ist, wird das Fach an Realschulen vorwiegend im Wahlpflicht-Bereich angeboten. Am Gymnasium hingegen werden andere Schwerpunkte gelegt und so wird Haushaltslehre fast nie unterrichtet (vgl. Bender, 2000, S. 1). Auch die Effektivität neuerdings gestarteter Versuche, durch Frühstücksaktionen und ernährungsbezogene Projekte eine Verbesserung des Ernährungswissens zu erzielen, ist aufgrund des Fehlens theoretischer Hintergründe unzureichend. Daher ist es wenig überraschend, dass Kinder generell lediglich über ein partielles Ernährungswissen verfügen und nur ca. jedes zweite präziseres Wissen, wie z. B. Kenntnisse über den Energiegehalt von Lebensmitteln angeben kann (vgl. Reinehr et al., 2007, S. 27).

3.5 Zusammenfassung

Physiologisch gesehen haben wir das Verlangen, uns mit Nährstoffen so zu versorgen, wie es unseren Bedürfnissen entspricht. Dabei spielen Hunger und Sättigung eine grundlegende Rolle. Studien zeigen, dass Kinder bis zu einem gewissen Alter diese Selbstregulierung beherrschen. Doch diese Mechanismen verlieren in einer Gesellschaft, die durch Überangebot, Werbung, Bewegungsarmut und Zeitmangel geprägt ist, nach und nach an Bedeutung (vgl. Merkle & Knopf, 2005, S. 12). Gesteuert wird unser Essverhalten jedoch durch die Summe unterschiedlicher Handlungsimpulse. Neben angeborenen Verhaltensweisen spielen bei unseren Entscheidungen auch Erfahrungen, Überlegungen zum Preis, psychische und psychologische Aspekte sowie das Wissen über die Gesundheitswirkung eine Rolle. Dabei ist es in einer von Überfluss geprägten Gesellschaft keinesfalls einfach, den Konsum zu kontrollieren und bei den oft widersprüchlichen Aussagen von Ratgebern, Lebensmittelindustrie und Medien den Überblick zu behalten (vgl. Manz, 2000, S. 9f.).

Nicht zu vernachlässigen ist auch die starke Abhängigkeit des Adipositasrisikos von den genetischen und sozialen Rahmenbedingungen des Elternhauses. „Der Einfluss der Eltern umfasst sowohl biologische als auch sozio-kulturelle Faktoren. Ein niedriger sozialer Status der Eltern sowie körperliche Inaktivität und eine den Energieverbrauch übersteigende Ernährung sind wesentlich für die Manifestation der Adipositas" (Müller, 2000, S. 16).

Besonders hervorzuheben ist auch der negative Einfluss der Medien. Durch die Ausweitung des Medienkonsums findet zum einen eine Reduktion der körperlichen Aktivität statt, zum anderen wirkt sich das Fernsehen in seiner Sonderrolle auch negativ auf unser Ernährungswissen und Konsumwünsche, vor allem bei Kindern, aus. Außerdem kommt es während des Medienkonsums häufig zum Verzehr kalorienreicher Snacks.

Die früher weitverbreitete Vermittlung von Ernährungskompetenzen durch die Eltern kann den negativen Einflüssen nicht mehr entgegenwirken, denn die Bedeutung der hierfür notwendigen Tätigkeiten ist invers zu der Entwicklung der Medien.

Da Kinder und Jugendliche einen Großteil ihrer Zeit in der Schule verbringen, ist der Einfluss von dortigen Angeboten und Rahmenbedingungen auf das Bewegungs- und Ernährungsverhalten enorm.

Letztendlich konnten zahlreiche Faktoren aufgedeckt werden, deren Einfluss jedoch nur durch ihre Gesamtheit und Interaktion untereinander zu einer Ursache für Übergewicht und Adipositas werden.

4 Nährstoffe und Stoffwechsel

Die Erläuterungen dieses Kapitels bilden die Grundlage für die Analyse des Mittagsangebots von Schulen im zweiten Teil dieser Studie. Deshalb beschränken sich die folgenden Erläuterungen auf die für Adipositas relevanten Nährstoffe, Substanzen und Flüssigkeiten. Neben der Funktion für unseren Körper und einem vereinfachten Aufbau der Stoffe soll ebenfalls kurz erklärt werden, wie der menschliche Organismus den jeweiligen Nährstoff aufnimmt, verwertet und/oder speichert. Außerdem dient das hier dargestellte Wissen der Festlegung und Modifikation von Empfehlungen, die an späterer Stelle als Referenzwerte für die Bewertung des Angebots notwendig werden.

4.1 Fett

Fett ist einer der drei Hauptnährstoffe und erfüllt im menschlichen Körper unterschiedliche, lebensnotwendige Funktionen, z. B. ist jede Körperzelle von einer fetthaltigen Membran, einer sog. Phospholipidschicht, eingeschlossen (vgl. Müller et al., 2004, S. 56f.). Neben seiner Funktion als Geschmacksträger ist Fett außerdem für die Resorption fettlöslicher Vitamine und als Reserve für Notzeiten wichtig. Die Fettdepots fungieren gleichzeitig als Isolierschicht zum Erhalt der Körperwärme sowie als Organschutz (vgl. Feldheim & Steinmetz, 1998, S. 69).

Man unterscheidet zwischen pflanzlichen und tierischen, aber auch zwischen festen und flüssigen Fetten. Da Fett mit 9,3 kcal pro Gramm mehr als doppelt so viel Energie liefert wie Kohlenhydrate, ist es als Speicher bestens geeignet. Dazu wird es im Zytoplasma der menschlichen Fettzellen in Form von Triglyzeriden gesammelt. Ein Glyzerid bezeichnet eine Verbindung von Glyzerin und Fettsäuren (beim Triglyzerid sind es drei Fettsäuren) (vgl. Abb. 11, S. 137). Diese Fettsäuren bestehen wiederum aus Kohlenwasserstoffatomen und einer Carboxylgruppe am ersten C-Atom. Die Anzahl der C-Atome bestimmt die Kettenlänge der Fettsäure, welche zwischen vier und 22 liegt und immer gerader Anzahl entspricht. Wenn alle Kohlenstoff- und Wasserstoffatome einfach verbunden sind, spricht man von einer ‚gesättigten Fettsäure'. Besteht

hingegen *eine* Doppelbindung, wird die Fettsäure als ‚einfach ungesättigt'
bezeichnet; bei *mehreren* Doppelbindungen als ‚mehrfach ungesättigt' (vgl.
Abb. 11, S. 137). Während viele Fettsäuren vom menschlichen Körper synthetisiert werden, müssen einige der mehrfach ungesättigten Fettsäuren (z. B.
Linolsäure) mit der Nahrung aufgenommen werden. Solche als essenziell
bezeichnete Fettsäuren sind vorwiegend in pflanzlichen aber auch in Fischölen
enthalten (vgl. Huch & Jürgens, 2007, S. 26). Jedes Nahrungsfett besitzt ein
eindeutiges Fettsäuremuster, an dem die Gesundheitswirkung gemessen
werden kann (vgl. Feldheim & Steinmetz, 1998, S. 67f.).

Die Verdauung der Fette beginnt im Magen, wo der Speisebrei durch Muskel-
bewegungen vermengt wird. Dadurch werden die zum Verklumpen neigenden
Fettmoleküle geteilt und vergrößern so die Angriffsfläche für die sog. Lipasen.
Diese Enzyme sind in den Sekreten der Bauchspeicheldrüse (Pankreas)
enthalten und bewirken, nachdem sie im Zwölffingerdarm dem Nahrungsbrei
zugemischt werden, eine Spaltung von Triglyzeriden in freie Fettsäuren und
Monoglyzeride. Auch die Verbindungen zwischen Fettsäuren und Cholesterin
werden teilweise aufgelöst. Unterstützt wird dieser Vorgang durch die Gallensäure. Diese wird ebenfalls im Zwölffingerdarm zugeführt und bewirkt eine
Herabsetzung der Oberflächenspannung zwischen Fett und Wasser. Damit die
aufgespaltenen Bruchstücke über die Dünndarmschleimhaut resorbiert werden
können, müssen sich zuvor Fettsäuren, Monoglyzeride, Cholesterin, Phospholi-
pide und fettlösliche Vitamine zu sog. Mizellen zusammenschließen, die den
notwendigen Kontakt zu den Mikrovilli[5] herstellen (vgl. Huch & Jürgens, 2007,
S. 360 – 367).

Empfohlen wird, ca. 25 – 30 % seines Tagesenergiebedarfes durch Fette zu
decken. Dieser Anteil erscheint zunächst hoch, ist aufgrund der hohen Energiedichte von Fett im Mengenverhältnis jedoch viel geringer. Aktuell liegt die durchschnittliche Aufnahme von Fett mit über 40 % der Nahrungsenergie deutlich
über diesen Empfehlungen. Vor allem durch den hohen Anteil versteckter Fette
in Wurstwaren und anderen verarbeiteten Produkten, die größtenteils gesättigte
Fettsäuren enthalten, entspricht auch die Fettqualität nicht den Empfehlungen

---

[5] Mikrovilli sind kleinste ‚Äste' auf sog. Zotten. Zusammen vergrößern sie die Oberfläche der
Dünndarmschleimhaut erheblich, wodurch die Resorption aller Nährstoffe erst ermöglicht wird.

(vgl. Feldheim & Steinmetz, 1998, S. 74). Der Anteil ungesättigter Fettsäuren sollte ca. zwei Drittel betragen. Wird dies durch eine ausgewogene Ernährung umgesetzt, besteht auch bei einer Reduktion der Fettzufuhr auf bis zu 20 % der Gesamtenergie kein Risiko einer Mangelversorgung essenzieller Fettsäuren (vgl. Koerber et al., 2004, S. 85f.).

Besonders wichtig für unseren Organismus sind die sog. Omega-Fettsäuren. Die Omega-3-Fettsäure beispielsweise ist maßgeblich an der Bildung wichtiger Strukturen, wie Gehirn oder Netzhaut, beteiligt. Daher kann ein Mangel Seh-störungen und Muskelschwächen zur Folge haben. Außerdem wirkt die Omega-3-Fettsäure einem erhöhten LDL-Cholesterinspiegel entgegen, was durch den Einfluss auf koronare Folgeerkrankungen (vgl. Kap. I 2.2.1) von besonderer Bedeutung ist. Die Versorgung des Körpers mit Omega 3 Fettsäure kann durch den Verzehr natürlicher Lebensmittel wie Seefisch, Rapsöl, Walnussöl, Hanföl und Sojaprodukte erfolgen (vgl. ebd., S. 87).

4.2 Kohlenhydrate

Obwohl Kohlenhydrate mit 4,1 kcal/g weniger Energie enthalten als Fett (vgl. Marées, 2003, S. 405), sind sie die wichtigsten Energielieferanten und somit Existenzgrundlage für viele Lebewesen und Pflanzen.

Pflanzen können Wasser, Kohlendioxid und die chemische Energie des Son-nenlichtes durch Fotosynthese in Kohlenhydrate umwandeln (vgl. Huch & Jürgens, 2007, S.23). Auch für Menschen und Tiere sind Kohlenhydrate überle-bensnotwendig. Im Gegensatz zu Pflanzen sind sie jedoch auf eine externe Versorgung über die Nahrung angewiesen. Auch in der Fähigkeit, Kohlenhydra-te zu speichern, sind Pflanzen den Menschen weit überlegen. Der menschliche Organismus verfügt zwar über Glykogenspeicher in Muskeln und Leber, doch diese sind mit einer Kapazität von insgesamt 350 – 400g bei einem 70-kg-Menschen geringer als bei den meisten Pflanzen (vgl. Feldheim & Steinmetz, 1998, S. 33ff.). Ein Weizenkorn besteht z. B. zu ca. 80 % aus dem Mehlkörper und verfügt somit über einen verhältnismäßig großen Kohlenhydratspeicher (vgl. ebd., S. 42f.).

Aus den für die Fotosynthese notwendigen Stoffen wird bereits klar, dass Kohlenhydrate aus Kohlenstoff, Wasserstoff und Sauerstoff bestehen. Basis jedes Kohlenhydratmoleküls ist ein ringförmiges Gerüst aus Kohlenstoffatomen und einem Sauerstoffatom (vgl. Abb. 12, S. 137). Eine andere Bezeichnung für Kohlenhydrate ist das Wort Saccharide (Zucker), das aus der Unterscheidung zwischen Mono- (Einfach-), Di- (Zweifach-) und Polysacchariden (Vielfachzucker) bekannt ist. Einen Überblick über die verschiedenen Kohlenhydratarten sowie deren Eigenschaften, Quellen, Geschmack und Resorptionsweise liefert Tab. 1 (S. 141). Der bedeutendste Einfachzucker, der von fast allen Zellen als Energiequelle genutzt werden kann, ist die Glukose (Traubenzucker). Glukose besteht aus sechs Kohlenstoff-, zwölf Wasserstoff- und sechs Sauerstoffatomen (chemische Formel: $C_6H_{12}O_6$). Durch chemische Vorgänge kann aus mehreren Kohlenhydratarten eine neue entstehen, z. B. ein Zweifachzucker aus zwei Einfachzuckern. Diese teilweise komplexen Verbindungen können durch unsere Verdauung in umgekehrter Weise aufgespalten werden (vgl. Huch & Jürgens, 2007, S. 23f.).

Anders als bei anderen Nährstoffen beginnt die Verdauung der Kohlenhydrate bereits im Mundraum, wo die α-Amylase Ptyalin das Polysaccharid Stärke zum Zweifachzucker Maltose spaltet. Durch das saure Milieu des Magens wird die Verdauung der Kohlenhydrate dort unterbrochen und erst im Zwölffingerdarm wieder fortgesetzt. Der hier zugeführte Pankreassaft enthält Bikarbonate, die zusammen mit den alkalischen Sekreten der Leber den sauren Speisebrei neutralisieren. Erst dadurch können die α-Amylasen aus der Bauchspeicheldrüse aktiv werden und die Kohlenhydratverbindungen weiter aufspalten. Bevor die Aufnahme ins Blut und der Transport zur Leber stattfinden können, werden die Saccharide durch Enzyme im Dünndarm zu Einfachzuckern aufgelöst (vgl. ebd., S. 355 – 367). In der Leber angekommen, wird die Glukose zur unmittelbaren Energiegewinnung in den Blutkreislauf abgegeben und, nach Umwandlung zu Glykogen, in Muskeln und Leber gespeichert. Überschüssige Energie wird bei gefülltem Glykogenspeicher in Fett umgewandelt und im Fettgewebe gespeichert (vgl. Feldheim & Steinmetz, 1998, S. 37).

Anders als Fett und Proteine werden Kohlenhydrate lediglich als Energielieferanten benötigt, weshalb die absolute Menge vom Gesamtumsatz abhängig ist. Generell sollten jedoch über 50 % der Nahrungsenergie durch Kohlenhydrate gedeckt werden (vgl. Biesalski, Bischoff & Puchstein, 2010, S. 66). Der Anteil isolierter Zucker[6] sollte hierbei 10 % nicht überschreiten (vgl. ebd., S. 509).

4.3 Proteine

Auch beim wichtigsten Baustein unseres Körpers sind wir, im Gegensatz zu Pflanzen, die ihre benötigten Aminosäuren selbst synthetisieren können, auf eine externe Zufuhr angewiesen. Proteine dienen nicht nur dem Aufbau von Muskeln, Haut, Knochen und Knorpel, sondern sie bilden auch die Grundlage von Hormonen und Transportmitteln (z. B. Hämoglobin), die an Vorgängen des Organismus beteiligt sind. Von besonderer Bedeutung sind außerdem die aus Proteinen bestehenden Enzyme, die chemische Reaktionen im Organismus beschleunigen und so die Funktion unseres Körpers sicherstellen (vgl. Feldheim & Steinmetz, 1998, S. 49 – 53).

Proteine könne in Lebensmitteln durch Zugabe von Säure ähnliche wie im Magen denaturiert und so leichter verdaulich gemacht werden. Zu langes Erhitzen hingegen verringert die Verdaulichkeit und kann sogar eine Verbindung von Aminosäuren mit anderen Stoffen verursachen, wodurch eine Nutzung für unseren Organismus nicht mehr vollständig möglich ist. Auch bei der Nahrungszubereitung spielen Proteine eine große Rolle. Ohne Proteine, die wie ‚Kleber‘ wirken, gäbe es keinen zusammenhaltenden Kuchen und keine Aromen durch Bräunungsreaktionen (vgl. ebd., S. 64f.).

Das besondere an Proteinen ist, dass sie außer Kohlenstoff, Wasserstoff und Sauerstoff auch Stickstoff und Schwefel enthalten. Während Pflanzen Stickstoff aus dem Boden aufnehmen, sind Proteine für den Menschen die einzig verfügbare Quelle (vgl. ebd., S.49). Der Aufbau der Grundsubstanzen, den Aminosäuren, hat Grundlegendes gemeinsam. Ein zentrales Kohlenstoffatom ist durch jeweils eine Verbindung mit einer Carboxylgruppe (COOH), einer Aminogruppe (NH_2) sowie einem Wasserstoffatom verbunden. An der vierten Verbindung ist ein weiteres Element angehängt, das im Allgemeinen als ‚Rest‘ bezeichnet wird (vgl. Abb. 13, S. 138). Durch diesen ‚Rest‘ werden 20 Aminosäuren unterschie-

---

[6] Als isolierte Zucker werden alle Mono- und Disaccharide bezeichnet.

den, von denen acht essenziell sind. Aminosäuren können sich miteinander verbinden, indem die Carboxylgruppe der einen mit der Aminogruppe der anderen Aminosäure reagiert. Solche Peptidbindungen nennt man Dipeptide (bei zwei Aminosäuren), Tripeptide (bei drei) oder Polypeptide (bei mehr als drei). Polypeptide mit über 100 Aminosäuren werden als Proteine bezeichnet. Die meistens menschlichen Proteine bestehen aus 100 – 500 Aminosäuren (vgl. Abb. 14, S. 138; Huch & Jürgens, 2007, S. 28). Es existieren allerdings auch welche mit über 1000 Aminosäuren. Durch die Kombination 20 möglicher Aminosäuren zu solch riesigen Ketten bei beliebiger Reihenfolge ergibt sich eine Unmenge verschiedener Proteine, von denen jedes einen festgelegten Bauplan mit charakteristischer Aminosäurensequenz besitzt (vgl. Feldheim & Steinmetz, 1998, S. 49f.). Ein weiteres wesentliches Merkmal von Proteinen ist ihr dreidimensionaler Aufbau (vgl. Huch & Jürgens, 2007, S. 28).

Die Verdauung von Protein beginnt im Magen, dessen Belegzellen bei Nahrungsaufnahme Salzsäure produzieren. Diese tötet nicht nur Keime und Bakterien ab, sondern zerstört auch die dreidimensionale Struktur der Proteine (Denaturierung) und ist verantwortlich für den niedrigen pH-Wert von ca. 2 – 4. Nur in diesem sauren Milieu kann Pepsinogen in seine aktive Form Pepsin überführt werden und Protein in Bruchstücke aufspalten. Nach Verlassen des Magens steigt der pH-Wert des Speisebreis wieder auf den neutralen Wert von ca. 7 an, wodurch das Pepsin wieder inaktiviert wird. Hierfür verantwortlich ist der im Zwölffingerdarm zugeführte Pankreassaft (vgl. Kap. I 4.2), dessen Enzyme (Trypsin & Chymotrypsin) die Arbeit des Pepsins fortsetzen. Diese liegen, um eine Selbstverdauung zu verhindern, ebenfalls zunächst in inaktiver Form vor und zerlegen zusammen mit Amino- und Carboxypeptidasen die Proteine zu kleineren Bruchstücken von ca. acht Aminosäuren. Abschließend werden die Bruchstücke von Aminopepdidasen des Bürstensaums in Di-, bzw. Tripeptide und Aminosäuren gespalten. Erst diese kleinsten Bauteile können durch die Kapillaren der Dünndarmzotten aufgenommen und zur Leber transportiert werden (vgl. ebd., S. 360 – 367). Von dort aus werden die Aminosäuren über den Blutkreislauf im Körper verteilt. Da Proteine auch zu Energiegewinnung herangezogen werden, findet ein permanenter Austausch von Aminosäuren im Blut und Aminosäuren innerhalb der Zellen statt. Die körpereigenen

Proteinspeicher unterliegen daher genau wie die Fett- und Kohlenhydrat-speicher einem ständigen Auf- und Abbau (vgl. Feldheim & Steinmetz, 1998, S. 54). Proteine liefern jedoch ebenfalls lediglich 4,1 kcal/g. Eine Besonderheit der Proteine ist, dass neben den Abbauprodukten Wasser und Kohlendioxid auch Harnsäure entsteht, der über den Urin ausgeschieden wird (vgl. Marées, 2003, S. 405).

Bei Proteinen bestehen Risiken durch Unter- sowie durch Überversorgung. Eine Unterversorgung ist dann gefährlich, wenn zusätzlich ein genereller Energie-mangel auftritt. Dadurch verändert sich die Energiebereitstellung des Körpers; es wird vermehrt Muskeleiweiß abgebaut und zur Energiegewinnung umge-wandelt. Diese Problematik bildet in einer Wohlstandsgesellschaft wie der unseren eine Ausnahme, ist in anderen Ländern (Asien, Lateinamerika, Afrika) jedoch Grund für die hohen Sterblichkeitsraten bei Kindern (vgl. Feldheim & Steinmetz, 1998, S. 49).

Ein Risiko der Überversorgung existiert vor allem bei einer hohen Zufuhr tierischen Proteins. Diese können zwar vom menschlichen Organismus leichter verarbeitet werden, sind jedoch meist mit einer hohen Fettzufuhr gekoppelt. Außerdem bedeutet der Verzehr tierischer Produkte auch eine stärkere Belas-tung mit Schwefelverbindungen. Durch den Abbau überschüssiger Schwefel-teilchen scheidet die Niere vermehrt Säure aus, was altersbedingten Muskel- und Knochenschwund zur Folge hat (vgl. Koerber et al., 2004, S. 84). Auch der Abbau sog. Purine erhöht die Harnsäurekonzentration im Blut. Dadurch können sich Harnsäurekristalle bilden, die sich an Gelenken ablagern und zu Arthritis führen (vgl. Feldheim & Steinmetz, 1998, S. 55). Weitere mögliche Krankheiten bei Überversorgung sind Nierensteine, koronare Herzkrankheiten und, bei gleichzeitigem Calciummangel, auch Osteoporose (vgl. Koerber et al., 2004, S. 84).

Wie schon erwähnt, können einige Aminosäuren nicht vom Körper synthetisiert werden. Um eine ausreichende Versorgung zu gewährleisten, sollten daher Proteine mit einem hohen Anteil an essenziellen Aminosäuren bevorzugt werden. In diesem Zusammenhang spricht man von der ‚biologischen Wertig-keit', die umso höher ist, je mehr einer essenziellen Aminosäure in einem Lebensmittel vorhanden ist. Eine geringe biologische Wertigkeit bedeutet demnach, dass man von einem Produkt viel essen muss, um dadurch den Bedarf einer Aminosäure zu decken. Allgemein gilt, dass tierische Proteine ähnliche Aminosäuresequenzen aufweisen wie menschliche Proteine, und daher eine höhere biologische Wertigkeit besitzen. Pflanzen verfügen allerdings meist über eine größere Anzahl verschiedener Aminosäuren und manche von ihnen übertreffen auch den Proteingehalt tierischer Produkte (vgl. Feldheim & Steinmetz, 1998, S. 51f.). Hierunter fallen vor allem Hülsenfrüchte wie weiße Bohnen, Linsen, Erbsen und Sojabohnen (vgl. ebd., S. 63). Grundsätzlich bietet es sich daher an, verschiedene Proteinquellen zu kombinieren, um dadurch die biologische Wertigkeit zu erhöhen. Bekannte Kombinationen sind etwa Gerichte aus Kartoffeln und Ei oder, in Lateinamerika weit verbreitet, aus Bohnen und Mais. Um die Risiken einer Unterversorgung so gering wie möglich zu halten, sollte besonders in den Wachstumsphasen von Kindern und Jugendlichen auf eine ausreichende Versorgung geachtet werden. Allerdings liegt die durchschnittliche Zufuhr in Industrienationen weit über den Empfehlungen. Daher wird geraten, insbesondere den Anteil tierischer Proteine auf max. 50 % zu reduzieren. Für Erwachsene ist pro Tag eine Zufuhr von ca. 0,6 – 0,8 g Eiweiß pro kg Körpergewicht ausreichend (vgl. Koerber et al., 2004, S. 81).

4.4 Ballaststoffe

Anders als zur Zeit der Namensgebung, in der diesen Stoffen keinerlei Nutzen zugeschrieben wurde, ist der positive Einfluss von Ballaststoffen auf unseren Organismus heute hinreichend bekannt. Während unser Verdauungssystem in der Lage ist, die löslichen Bestandteile durch spezielle Bakterien im Dickdarm abzubauen, verweilt der Großteil der Ballaststoffe (z. B. Zellulose) länger als andere Stoffe im Verdauungstrakt und wird schließlich unverdaut ausgeschieden (vgl. Huch & Jürgens, 2007, S. 392f.). Die löslichen Bestandteile verbinden sich außerdem im Magen mit Wasser zu einem Gel, das den Nahrungstransport im Darm verbessert. Auch das Binden freier Gallensäure unterstützt den Stoffaustausch zwischen Leber und Darm. Zusätzlich wird durch die hieraus resultierende Neuproduktion der Cholesterinspiegel, insbesondere der Anteil des unerwünschten LDL-Cholesterins, gesenkt. Positiv ist auch zu bewerten, dass Ballaststoffe die Fett- und Kohlenhydratresorption verzögern und so für einen gleichmäßigeren Anstieg der Blutzuckerkonzentration sorgen. Dadurch werden Blutzuckerspitzen sowie die daraus resultierende Insulinausschüttung reduziert. Daher bewirken Ballaststoffe ein verlängertes Sättigungsgefühl und verringern die Energiedichte von Lebensmitteln (vgl. Koerber et al., 2004, S. 67ff.).

Durch die positiven Eigenschaften der Ballaststoffe ist die Zufuhr durchaus empfehlenswert. Die industriellen Bemühungen zur ‚Verbesserung' unserer Lebensmittel (vgl. Kap. I 3.4.2) führten jedoch zur Reduktion des Ballaststoffanteils (vgl. Müller et al., 2004, S. 113f.).

Mit dem Eingriff in die Zusammensetzung von Lebensmitteln änderten sich auch die Vorlieben der Verbraucher. Der Verzehr von Kartoffeln und Getreide in westlichen Industrienationen nahm in den letzten 150 Jahren um 50 bzw. 20 % ab, der Verbrauch von Hülsenfrüchten sogar um 90 %. Dem gegenüber steht eine massive Zunahme des Konsums ballaststofffreier Lebensmittel wie isolierter Zucker, Fleisch und Eier. Dadurch reduzierte sich die Aufnahme von Ballaststoffen von ca. 100 g pro Person und Tag auf ca. 20g (vgl. Koerber et al., 2004, S. 66). Wegen der positiven Eigenschaften von Ballaststoffen ist jedoch ein Verzehr von ca. 40 – 50 g pro Tag ratsam. Erreicht werden kann dies durch einen vermehrten Verzehr von Vollkornprodukten, Kartoffeln, Obst, Gemüse und Hülsenfrüchten. Die Umsetzung dieser Empfehlung würde gleichzeitig die wünschenswerte Steigerung des Anteils pflanzlichen Proteins, komplexer Kohlenhydrate sowie natürlicher Vitamine und Mineralstoffe unterstützen (vgl. ebd., S. 70f.).

4.5 Wasserhaushalt und Getränke

Wasser macht den größten Teil des menschlichen Körpers aus. Beim Säugling entfallen ca. 75 % des Körpergewichts auf den Wasseranteil. Im Laufe der Entwicklung nimmt der Anteil stetig ab und liegt bei Erwachsenen schließlich bei etwa 60 % (vgl. Huch & Jürgens, 2007, S. 38). Ohne diesen hohen Anteil würde unser Körper nicht funktionieren, denn Wasser ist die elementare Grundlage nahezu aller Vorgänge des Organismus. Um den Nährstoffaustausch durch normalerweise unüberwindbare Zellmembranen zu ermöglichen, dient Wasser als Lösungs- und Transportmittel, aber auch Endprodukte werden zu ihren Ausscheidungsorganen befördert (z. B. Salze zu Schweißdrüsen) (vgl. Koerber et al., 2004, S. 316). Wegen seiner guten Isolationseigenschaften kommt ihm auch eine Bedeutung für den Erhalt von Körperwärme zu. Selbst bei der Verdauung spielt Wasser eine wichtige Rolle. Durch seine Funktion als Lösungsmittel ist es wesentlicher Bestandteil von Schleimstoffen, die im Körper als ‚Schmiermittel' eingesetzt werden (vgl. Huch & Jürgens, 2007, S. 22).

In 24 Stunden werden ca. 1,4 L über den Urin, 0,1 L über den Kot und 1 L über die Haut (Schweiß)[7] bzw. die Lunge (Atem) ausgeschieden. Um die Funktionsfähigkeit des Körpers zu gewährleisten, müssen diese Verluste durch Flüssigkeitszufuhr ausgeglichen werden. Im Durchschnitt wird 1 L der notwendigen Flüssigkeit durch feste Nahrung aufgenommen. Da 0,3 L aus Stoffwechselvorgängen des Körpers erhalten bleiben, müssen ca. 1,2 L durch Getränke zugeführt werden (vgl. Feldheim & Steinmetz, 1998, S. 101).

Steigende Wasserausscheidungen durch erhöhte Thermogenese z. B. bei Sport, aber auch Wasserverluste durch Erkrankungen, wie z. B. Durchfall, sollten durch eine entsprechend erhöhte Zufuhr ausgeglichen werden, denn das Gleichgewicht ist sehr empfindlich. Schon bei geringen Defiziten sind negative Auswirkungen auf Konzentrationsfähigkeit und Lernleistungen spürbar. Erstes Anzeichen eines Flüssigkeitsmangels ist Durst. Wird darauf nicht reagiert, entzieht der Körper dem Blut und Gewebe Flüssigkeit. Dadurch wird das Blut dicker, fließt langsamer und kann den Körper nur noch unzureichend mit Sauerstoff versorgen. Folgen bei stärkerem Flüssigkeitsverlust sind Herzrhythmusstörungen, erhöhte Körpertemperatur sowie Durchblutungsstörungen des Gehirns (vgl. Koerber et al., 2004, S. 316f.). Eine Schädigung durch überhöhte Wasserzufuhr ist aufgrund der hierfür notwendigen Menge hingegen nur schwer zu erreichen (vgl. Hartig, 2004, S. 290).

Bevor Empfehlungen für die Zufuhr genannt werden, sollen zunächst einige Getränke begründet ausgeschlossen werden. Als erstes, besonders von Kindern gerne konsumiertes Getränk, ist Milch zu nennen, die wegen ihres Fett- und Proteingehaltes jedoch auch Energie liefert. Zusätzlich enthält Milch Substan-

---

[7] Die Abgabe von Schweiß dient dem Körper zur Regulation der Temperatur.

zen, die ausgeschieden werden müssen und dadurch den Wasserbedarf des Körpers erhöhen (vgl. Koerber et al., 2004, S. 317). Ähnlich verhält es sich mit Kaffee, Tee und Kakao. Diese Genussmittel enthalten Koffein, das die Nierenfunktion und somit die Wasserausscheidung erhöht, und sind deshalb nicht zur Deckung des Flüssigkeitsbedarfs zu empfehlen (vgl. ebd., S. 323).

Die meisten Menschen halten Säfte wegen ihrer namensgebenden Inhaltsstoffe für gesund. Doch was von den Früchten übrig bleibt, ist keineswegs so gesund wie das ursprüngliche Produkt. Verantwortlich hierfür sind die industriellen Verfahren der Saftherstellung, bei denen Schalen, Kerne und oft auch Fruchtfleisch entfernt werden. Dadurch gehen wichtige Ballast- und Aromastoffe verloren. Zu weiteren Nährstoffverlusten kommt es durch die zur Haltbarmachung eingesetzten Pasteurisationsverfahren. Ergänzt werden hingegen ungesunde Stoffe. Wenn ein Saft nicht süß genug schmeckt – und süß genug ist relativ – werden isolierte Zucker zur sog. Korrekturzuckerung eingesetzt. Bei einem Hinweis auf der Verpackung dürfen laut Fruchtsaftverordnung bis zu 200 g Zucker pro Liter Saft zugesetzt werden. Wegen des hohen Anteils an fruchteigenem Zucker sowie den industriellen Veränderungen sind Säfte trotz ihrer teilweise hohen Vitamin- und Mineralstoffgehalte ebenfalls nicht als Durstlöscher geeignet. Als Kompromiss zwischen Geschmackserlebnis und energiearmer Flüssigkeit werden selbst hergestellte Saftschorlen mit einem günstigen Wasser-Nährstoff-Verhältnis (2/3 Wasser) empfohlen. Da die Zuckergehalte von Fruchtnektaren und Limonaden höher liegen und Letzteren auch Säuren und Zusatzstoffe wie Koffein oder Chinin hinzugefügt werden dürfen, kommen sie als Durstlöscher noch weniger in Frage (vgl. ebd., 317 – 322).

Obwohl Alkohol unter 16 Jahren nicht relevant sein dürfte, sollen auch dessen negative Auswirkungen kurz angesprochen werden. Zum einen sind erhöhte Risiken für Bluthochdruck, Immun- und Nervenerkrankungen sowie Leber- und Bauchspeicheldrüsenerkrankungen bekannt. Auch das Auftreten von Tumoren sowie Brust- und Dickdarmkrebs ist durch chronischen Alkoholkonsum erhöht. Zum anderen liefert Alkohol erhebliche Mengen an Energie, was wiederum für die Entstehung von Übergewicht bedeutsam ist (vgl. Koerber et al., 2004, S. 324). Zusätzlich zum hohen Energiegehalt von 7,1 kcal/g erschwert Alkohol auch die Verbrennung von Fett. Durch den Alkohol aus einer Flasche Bier werden 16 g Fett nicht oxidiert (vgl. Müller et al., 2004, S. 19; Wittner, 2000, S. 10).

Das Gleichgewicht des Flüssigkeitshaushalts sollte wegen der damit verbundenen Risiken nicht weit unterschritten werden. Vor allem bei erhöhtem Eiweiß- und Kochsalzverzehr ist wegen dem Abtransport der entstehenden Endprodukte eine ausreichende Versorgung notwendig (vgl. Marées, 2003, S. 422f.). Da diese zu einem bedeutsamen Teil über die Nahrung erfolgt, können frische pflanzliche Lebensmittel wie Gemüse und Obst, deren Wassergehalt mit 70 – 97 % sehr hoch ist, zur Deckung des Bedarfs maßgeblich beitragen. Der restliche Teil der benötigten Flüssigkeit sollte in Form von Trinkwasser, Saftschorlen oder ungesüßten Früchte- und Kräutertees aufgenommen werden (vgl. Koerber et al., 2004, S. 317 – 325). Je nach körperlicher Aktivität und Umgebungstemperatur liegt der Wert der notwendigen Flüssigkeitszufuhr bei 20 – 40 ml Wasser/kg Körpergewicht pro Tag. Bei einem 70 kg schweren Menschen entspricht diese Empfehlung 1,4 – 2,8 L Flüssigkeit pro Tag. Da auch über die feste Nahrung Flüssigkeit aufgenommen wird, ist der restliche Bedarf ebenfalls von dessen Wassergehalt abhängig. Wegen der größeren Relevanz der Unterversorgung sollte man ca. 1,5 – 2 L Flüssigkeit durch den Konsum der als günstig erarbeiteten Getränke zuführen (vgl. Löser, 2000, S. 200).

4.6 Süßstoff

Süßstoffe gehören zu den Lebensmittelzusatzstoffen. Diesen synthetischen und natürlichen Produkten ohne nennenswerten Energiegehalt werden verschiedene Vor- und Nachteile nachgesagt (vgl. Müller et al., 2004, S.39 ff.). Auch heute noch besteht keine Einigkeit über das Für und Wider. Wegen des geringen bzw. nicht vorhandenen Energiegehaltes führt der Austausch von Zucker durch Süßstoff zu einer Reduktion der Energieaufnahme. Nach Meinung der Kritiker wird dadurch langfristig jedoch genau das Gegenteil erreicht. Die Befürworter dieser Theorie gehen davon aus, dass Süßstoffe dem Körper nicht vorhandene Energie ‚vorgaukeln' und dadurch Appetit erzeugen (vgl. Warschburger et al., 2005, S. 43). Für diese Wirkweise sprechen die Ergebnisse von Studien, in denen nachgewiesen werden konnte, dass Probanden, bei deren Frühstück

Zucker durch Süßstoff ersetzt wurde, pro Tag durchschnittlich 400 kcal mehr Energie zu sich nahmen als Personen der Kontrollgruppe (vgl. Schmiedel, 2004, S. 95). Um die Vorteile von Süßstoffen nutzen zu können und eine negative Wirkung zu vermeiden, ist ein Kompromiss sinnvoll. Wenn Süßstoffe zur Reduzierung der Energieaufnahme eingesetzt werden, allerdings nicht komplett den Zucker ersetzen, reduziert sich die Wahrscheinlichkeit von Heißhungerattacken, da der Körper zumindest einen Teil der Energie erhält, die der Geschmackssinn ihm ‚verspricht'.

5   Grundlagen des Energieverbrauchs

Der Zusammenhang zwischen Energiebilanz und der Entstehung von Körperfett wurde bereits erläutert (vgl. Kap. I 3.1). Des Weiteren wurden die wichtigsten Nährstoffe vorgestellt, ihre Resorptionswege beschrieben und dadurch die Grundzüge der Energieaufnahme erklärt (vgl. Kap. I 0). Um spätere Maßnahmen der Bewegungstherapie verstehen zu können, muss an dieser Stelle erläutert werden, wie sich der Energieverbrauch des Menschen zusammensetzt und welche Faktoren ihn beeinflussen.

5.1   Oxidationswege

Die Energieversorgung des Körpers erfolgt über die Oxidation sog. ‚Brennstoffe', zu denen hauptsächlich Glukose (bzw. Glykogen) sowie Fettsäuren (bzw. Triglyzeride) gehören. Bei der Verbrennung entstehen energiearme Produkte wie Wasser und Kohlendioxid sowie freie Energie in Form von Adenosintriphosphat (ATP) und Kreatinphosphat (KP). Für die Umwandlung von Brennstoffen zu Energie stehen unserem Organismus zwei Möglichkeiten zur Verfügung. Bei der aeroben Oxidation findet die Umwandlung der Nährstoffe unter Sauerstoffverbrauch statt. Die so gewonnenen Energiemengen sind pro Zeiteinheit relativ gering. Da die aerobe Oxidation jedoch hauptsächlich durch die Sauerstoffaufnahme sowie die Menge der zur Verfügung stehenden Nährstoffe begrenzt wird und daher über lange Zeiträume aufrecht erhalten werden kann, sind die entstehenden Gesamtenergiemengen verhältnismäßig groß. Bei der anaeroben Energiebereitstellung hingegen werden lediglich Kohlenhydrate, hauptsächlich in Form von Glukose, ohne Sauerstoffverbrauch oxidiert. Die hierbei entstehenden Energiemengen sind zwar insgesamt wesentlich geringer, pro Zeiteinheit jedoch größer als bei der aeroben Oxidation. Daher wird die anaerobe Oxidation verstärkt eingesetzt, wenn der aktuelle Energiebedarf durch den aeroben Oxidationsweg nicht gedeckt werden kann (vgl. Marées, 2003, S. 348 – 357).

Da Energie lediglich aus Glukose gewonnen wird, müssen die Fettsäuren zunächst unter zusätzlichem Sauerstoffverbrauch umgewandelt werden (Glykoneogenese). Umgekehrt werden überflüssige Kohlenhydratressourcen vor der Speicherung im Fettdepot in Fettmoleküle überführt (vgl. ebd., S. 383). Diese Umwandlungsprozesse finden nicht nur bei akutem Energiemangel oder - überschuss, sondern permanent und gleichzeitig statt. Unser Energiespeicher ist daher nicht mit einem starren System, das nur im Notfall angegriffen wird, zu vergleichen (vgl. Feldheim & Steinmetz, 1998, S. 70).

5.2 Definition und Messung von Grund- und Ruheumsatz

Selbst in völliger Ruhe verbraucht der menschliche Körper Energie. Diese wird benötigt, um das Herz-Kreislauf-System sowie das Gehirn zu versorgen und dadurch lebensnotwendige Funktionen aufrecht zu erhalten. Durch muskuläre Arbeit, Verdauungs- und Temperaturregulationsprozesse erhöht sich der Energieverbrauch. Um den Energieumsatz verschiedener Personen vergleichen zu können, müssen die Messungen daher den gleichen reproduzierbaren Gesetzmäßigkeiten unterliegen. Schmidt, Lang und Thews (2005, S. 892) nennen vier Bedingungen, die bei der Messung des Grundumsatzes zu beachten sind:

– Die Messung findet morgens statt.

– Die Testperson muss nüchtern sein (Karenzzeit beachten; bei eiweißreicher Kost bis zu 18 Stunden).

– Die Testperson muss sich in körperlicher und geistiger Ruhe befinden (liegend).

– Im Testraum muss Indifferenztemperatur herrschen (Temperatur, bei der unser Körper keine Energie zum wärmen oder kühlen verbraucht).

Wenn diese Vorgaben berücksichtigt werden, bezeichnet man den ermittelten Energieverbrauch als Grundumsatz. Dieser, von Geschlecht, Alter, Körpermasse sowie zentralnervösen und hormonellen Einflüssen abhängige Wert nimmt mit durchschnittlich 55 – 70 % den deutlich größten Teil des Gesamtumsatzes ein (vgl. Marées, 2003, S. 346; Wirth, 2008, S. 107). Der Grundumsatz von Frauen liegt durchschnittlich ca. 10 % unter dem von Männern. Die Ursache hierfür liegt u. a. in der Stoffwechsel anregenden Wirkung männlicher Sexualhormone. Dies erklärt außerdem, wieso eine nachlassende Hormonproduktion im Alter eine Senkung des Grundumsatzes zur Folge hat (vgl. Marées, 2003, S. 388).

Da das Messen des Grundumsatzes mit erheblichem Aufwand verbunden ist, wird in der Praxis oft auf den ‚Ruheumsatz' zurückgegriffen (vgl. Wirth, 2008, S. 106f.). Beim Ruheumsatz müssen weniger konstante Messbedingungen eingehalten werden. Weil auch das Nüchternheitsgebot entfällt, werden Verdauungsvorgänge möglich, die ebenfalls Energie benötigen. Dieser durch Nahrungsaufnahme ausgelöste Energiezuwachs wird als ‚nahrungsinduzierte Thermogenese' bezeichnet und ist der Hauptgrund dafür, dass der Ruheumsatz über dem Grundumsatz liegt. Diese Differenz ist jedoch stark von der Nahrungszusammensetzung abhängig (z. B. benötigt die Aufnahme von Fett weniger Energie als die Eiweißresorption) und schwankt daher zwischen 10 und 15 % des Gesamtumsatzes (vgl. Lehrke & Laessle, 2009, S. 13f.).

Zur Berechnung des Grundumsatzes existieren unterschiedliche Formeln. Man sollte jedoch nicht auf die Einfachste zurückgreifen, denn der Zusammenhang zwischen Grundumsatz und Körpermasse ist wegen der Wärmeabgabe nicht linear. In der Formel *Umsatz (kcal/24 Std.) = 282 *Körpermasse (kg)^{0,75}* wird dieses Problem durch den Einfluss der Oberfläche des Körpers berücksichtigt (vgl. Marées, 2003, S. 387). Dennoch sind Berechnungen wegen der vielen individuellen physischen Unterschiede unpräzise. Eine genaue Bestimmung des Grundumsatzes ermöglicht die Kalorimetrie. Die Grundlage dieser Methode ist, dass bei völliger körperlicher Ruhe sämtliche Energie als Wärme an die Umgebung abgegeben wird. Die direkte Messung dieser Wärmeabgabe ist aufwendig und daher nur noch historisch relevant. Dabei befindet sich die Versuchsperson in einer luftdichten und wärmeisolierten Kammer mit eigenem Kühlsystem. Die abgegebene Wärme wird vom Kühlwasser aufgenommen, aus dessen Temperaturerhöhung die Wärmemenge und schließlich der Grundumsatz berechnet wird. Heutzutage misst man den Grundumsatz mit der indirekten Methode. Hierbei wird der Zusammenhang von Nährstoffoxidation, Gasaustausch und freiwerdender Energie genutzt. Aus dem Verhältnis von Sauerstoffverbrauch und Kohlendioxidabgabe (respiratorischer Quotient), das mit einem Spirometer gemessen wird, kann der Energieumsatz berechnet werden. Da die einzelnen Nährstoffe unterschiedliche respiratorische Quotienten haben, muss bei der Berechnung des Umsatzes auch die Nahrungszusammensetzung berücksichtigt werden (vgl. ebd., S. 380ff.).

5.3 Definition und Berechnung von Arbeits- und Gesamtumsatz

Der Gesamtumsatz ist die Summe aus Ruheumsatz und Arbeitsumsatz. Als Arbeitsumsatz wird diejenige Energiemenge bezeichnet, die durch Muskelarbeit verbraucht wird. Während Grund- bzw. Ruheumsatz weitestgehend determiniert sind, kann man daher über den Arbeitsumsatz Einfluss auf seinen Energieverbrauch nehmen. Da die körperliche Aktivität in Beruf und Freizeit sehr unterschiedlich ausgeprägt ist, schwankt der Gesamtumsatz stark zwischen ca. 2290 und 5970 kcal/Tag. Extrem trainierte Sportler sind über kurze Zeiträume sogar imstande bis zu 9500 kcal/Tag umzusetzen (vgl. ebd., S. 389).

Während die Berechnung des Ruheumsatzes wegen individueller Unterschiede nur ungenau möglich ist, erzielen Formeln für den Gesamtumsatz weitaus präzisere Werte; allerdings muss für eine Berechnung der Ruheumsatz bekannt sein. Die zur Verfügung stehenden Formeln verwenden sog. PAL-Werte ('physical activity level'), die angeben, um welchen Faktor sich der Ruheumsatz bei unterschiedlichen Aktivitäten erhöht. Der Energieumsatz eines Büroarbeiters mit größtenteils sitzenden Tätigkeiten liegt beispielsweise bei dem 1,4- bis 1,5-Fachen seines Ruheumsatzes. Bauarbeiter hingegen erreichen PAL-Werte von bis zu 2,4 (vgl. Wirth, 2008, S. 109). Der Gesamtumsatz eines Studenten bspw. berechnet sich aus seinen Tätigkeiten:

- Ruheumsatz 2030 kcal/Tag (bekannt),
- 8 h Schreibtischarbeit mit 1,4 PAL,
- 4 h Sportkurs mit 2,0 PAL,
- 4 h Freizeit mit 1,2 PAL und
- 8 h Schlaf mit 0,95 PAL

zu $\frac{(8*1,4)+(4*2,0)+(4*1,2)+(8*0,95)}{24}$ *Ruheumsatz = 2672,83kcal/Tag.

Wie in Kapitel I 3.1 beschrieben wurde, ist die Ursache für die Zunahme von Körperfett eine positive Energiebilanz. Diese entsteht i. d. R. durch häufig auftretende aber kaum wahrnehmbare Überschüsse. Aus lediglich 70 bis 100 kcal zu viel pro Tag resultiert eine Zunahme von 1kg Körperfett in drei Monaten (vgl. Reinehr et al., 2007, S. 74). Wegen des ständigen Auf- und Abbaus der Fettspeicher ist es nicht wichtig, dass wir jeden Tag exakt so viel Energie verbrauchen, wie wir aufgenommen haben. Da sich jedoch, auf lange Zeit gesehen, Tagesdifferenzen die Waage halten sollten, ist es sinnvoll seinen Gesamtumsatz grob zu kennen.

6   Interventionsmöglichkeiten

6.1   Medizinische Behandlung

Medizinische Eingriffe sind immer mit Risiken verbunden und sollten daher nur eingesetzt werden, wenn das Übergewicht bereits so ausgeprägt ist, dass Folgeerkrankungen der Gesundheit schaden oder eine ‚natürliche' Therapie behindern. Da eine derartige Ausprägung bei Kindern und Jugendlichen die Ausnahme darstellt, ist der Überblick über medizinische Behandlungsmöglichkeiten relativ knapp gehalten (vgl. Warschburger et al., 2005, S. 37).

6.1.1 Medikamentöse Therapie

Vorweg ist zu erwähnen, dass viele Medikamente eine adipogene Wirkung besitzen, die Betroffenen nicht bekannt ist. Hierzu gehören Antidepressiva, Antipsychotika, Betablocker sowie einige Hormone (z. B. Insulin, Kortisol, Testosteron). Vor einer Therapiemaßnahme sollte daher zunächst geklärt werden, ob Medikamente eine Ursache des Übergewichts sind. Wenn dies der Fall ist, könnte deren Absetzung eine Gewichtsabnahme unterstützen (vgl. Wirth, 2008, S. 123 – 126). Ohne eine begleitende Therapie sind die Heilungschancen der Absetzung jedoch ähnlich gering wie bei alleiniger Einnahme von Adipositasmedikamenten. Auch deren Einsatz sollte daher nur nach erfolglosen Versuchen alternativer Therapiemaßnahmen und auch dann nur ergänzend erfolgen. Bei der Wirkungsweise der einzelnen Medikamente können zwei Prinzipien unterschieden werden. Zum einen bewirkt die Appetithemmung und/oder die Reduktion der Absorptionsleistung eine Herabsetzung der Energieaufnahme. Zum anderen wird durch eine gesteigerte Thermogenese sowie den Einsatz von Hormonen (z. B. Leptin) und Stoffwechsel anregenden Stoffen, wie Koffein, der Energieverbrauch gesteigert (vgl. ebd., S. 321f.).

6.1.2 Operative Therapie

Als Erstes ist der Magenballon zu nennen. Dieser Eingriff zur Veränderung der Magengröße gehört zwar nicht direkt zu den operativen Verfahren, ist aber dennoch mit vielen Risiken verbunden. Bei dieser Methode werden Ballons über die Speiseröhre in den Magen befördert und mit Flüssigkeit oder Wasser gefüllt. Dadurch verringert sich das Volumen des Magens, je nach Ballongröße, um 12 – 40 %. Dadurch erfolgt die Stimulation der Dehnungsrezeptoren der Magenwand bereits bei geringem Speisebreivolumen, was zu einer frühzeitigen Sättigung führt. Da dieser Eingriff nicht nur mit Risiken, sondern auch mit erheblichen Kosten verbunden ist, stellt er eine Ausnahme dar, die nur einge-setzt wird, wenn eine rasche und kurzfristige Gewichtsabnahme, z. B. vor chirurgischen Eingriffen, notwendig ist (vgl. ebd., S. 346).

Auch die ‚echten' operativen Verfahren sollten nur durchgeführt werden, wenn die Ausprägung der Adipositas so fortgeschritten ist, dass konservative Thera-pien unmöglich bzw. mit negativen Risiken verbunden sind (z. B. Gelenkbelas-tung). Die chirurgischen Methoden haben sich in den letzten Jahren stark weiterentwickelt, wodurch auch die Komplikationsrate gesunken ist. Eine der vielen Möglichkeiten besteht in der sog. Magenrestriktion. Bei diesen Eingriffen wird das Volumen des Magens durch den Einsatz eines Silikonbandes, einer Gastroplastik oder durch Umformung zu einem Schlauchmagen verkleinert. Bei einer anderen Technik, den sog. malabsorptiven Operationen, wird der Dünn-darm teilweise überbrückt und so die Resorptionsoberfläche auf ein Minimum reduziert. Dadurch wird jedoch zum einen die Lebensqualität durch Flatulenz und Diarrhö beeinträchtigt, zum anderen ist die Aufnahme von Vitaminen und anderen wichtigen Nährstoffen eingeschränkt. Seit einigen Jahren werden beide Verfahren kombiniert, um die Behandlungsergebnisse weiter zu verbes-sern (vgl. ebd., S. 346 – 351).

Durch das rasche Abnehmen nach den beschriebenen Maßnahmen bilden sich häufig Fettschürzen und Hautfalten, die weitere chirurgische Eingriffe wie Fettabsaugen oder Hautentfernungen mit den üblichen Operationsrisiken nach sich ziehen (vgl. ebd., S. 359f.).

6.2 Ernährungsmanagement

Eine Reduktion der Energieaufnahme kann ebenfalls durch Ernährungsumstellung erreicht werden. Der Erfolg einer solchen Ernährungsumstellung ist abhängig von ihrer Dauer und Intensität. Generell kann man zwischen einer kurzfristigen (Diät) und einer langfristigen Umstellung unterscheiden (vgl. Lehrke & Laessle, 2009, S. 25).

6.2.1 Diäten

Die steigende Bedeutung des Schlankheitsideals hat maßgeblich zur Ausbreitung des Diät-Trends beigetragen. Der Markt ist nahezu überschwemmt mit Ernährungsratgebern, Diätgurus und Entschlackungsmythen. Dabei sind der Fantasie, was die Wirkweise einer Diät betrifft, keine Grenzen gesetzt. Da ausführliche Beschreibungen von Diäten wie Schnitzer-Kost (vgl. Feldheim & Steinmetz, 1998, S. 124), Atkinsdiät oder 'Friss die Hälfte' nicht dem Ziel dieser Studie dienen würden, verweise ich diesbezüglich auf eine Übersicht der beliebtesten Diäten sowie deren Beurteilung in Wirth (2008, S. 289).

An dieser Stelle gilt es jedoch, Diäten im Allgemeinen zu beschreiben sowie eine grobe Unterteilung vorzunehmen. Da eine Diät nur für einige Tage oder Wochen konzipiert ist, sind viele Menschen der Meinung in dieser Zeit möglichst viel Gewicht verlieren zu müssen. Pläne für extreme Energiereduzierung locken mit spektakulären Namen wie Blitz-, Crash- oder Nulldiät (vgl. Lehrke & Laessle, 2009, S. 25). Die Nulldiät ist die radikalste Methode, bei der die Trinkmenge auf 4 – 6 Liter am Tag erhöht und auf feste Nahrung verzichtet wird (vgl. Müller et al., 2004, S. 68). Dadurch kommt es, ähnlich wie bei Blitz- oder Crashdiäten, tatsächlich zu Gewichtsverlusten. Diese resultieren jedoch hauptsächlich aus Wasser- sowie Eiweißverlusten, können i. d. R. nicht lange gehalten werden und sind daher kein Mittel zur langfristigen Reduktion von Körperfett (vgl. Wittner, 2000, S. 4). Generell wird zwischen 'extrem niedrig-kalorischer Kost' (< 800 kcal/Tag), 'deutlich niedrig-kalorischer Kost' (600 – 1000 kcal/Tag) und 'hypokalorischer Mischkost' (1000 – 1800 kcal/Tag) unterschieden (vgl. Warschburger et al., 2005, S. 38). Während bei beiden niedrig-kalorischen Kostformen sog. 'Formula Milchshakes' eingesetzt werden, verzehrt man bei der hypokalorischen Kostform herkömmliche Nahrungsmittel (vgl. Lehrke & Laessle, 2009, S. 25).

All denjenigen Maßnahmen, die ein massives Energiedefizit erzeugen, ist jedoch gemeinsam, dass sie langfristig nicht Erfolg versprechend sind. Zunächst entsteht durch eine Reduzierung der Nahrungsenergie ein Energiemangel im Körper, der ausgeglichen werden muss. Dieser Ausgleich erfolgt durch den Abbau von Glykogenspeichern, Fettgewebe und Muskeleiweiß. Die Umwandlung von Fettsäuren und Protein verstärkt sich, wenn die mit einer Kapazität von ca. 1600 kcal eher geringen Glykogenreserven unseres Körpers erschöpft sind. Obwohl der Körper seinen Energiebedarf herunter reguliert, wird Energie genötigt. Ohne ausreichende Energiezufuhr findet neben der Fettumwandlung auch ein ständiger Abbau von Muskeleiweiß statt, der einen weitaus größeren Anteil des Gewichtsverlustes ausmacht. Da unser Organismus solche Phasen mit stark reduzierter Energieaufnahme als Hungersnot wahrnimmt, will er Vorsorgemaßnahmen für folgende Hungersnöte treffen und speichert überschüssige Energie nach Beendigung der Diät umso effektiver (vgl. Müller et al., 2004, S. 120ff.). Durch den heruntergeregelten Energieverbrauch wird bei Rückumstellung auf eine konventionelle Ernährung häufig überschüssige Nahrungsenergie aufgenommen. Diese wird wegen der ‚Erinnerungsfunktion‘ und die wahrscheinlich zuvor entstandenen Veränderungen im Fettgewebe (vgl. Kap. I 3.1) bevorzugt gespeichert. Dadurch erfolgt ein rapider Anstieg des Körperfettanteils, der oft über den vorherigen Wert hinaus geht. Dieses vom Volksmund als Jo-Jo Effekt bezeichnete Problem löst bei Betroffenen das Gefühl aus, versagt zu haben. Nicht selten stürzen sie sich in eine neue, noch drastischere Diät und gelangen so in einen Teufelskreis (vgl. Müller et al., 2004, S. 122f.).

6.2.2 Langfristige Ernährungsumstellung

Wegen der vielen gesundheitlichen Risiken sowie dem Nachteil des Jo-Jo Effekts wird eine langsame Gewichtsreduzierung von ca. 0,5 kg pro Woche empfohlen, die durch eine, an Alter und Geschlecht angepasste, hypokalorische Kost erzielt werden kann. Diese Ernährungsform vermeidet auch bei längerer Durchführung die Risiken von Mangelerscheinungen und kann nach Erreichen des Zielgewichts durch simple Anpassungen zu einer dauerhaften Ernährung modifiziert werden. Bei einer solchen Umsetzung ist es jedoch wichtig, dass der Mensch nicht jede Gewohnheit und Vorliebe zu Gunsten einer strikten Umsetzung von Ernährungsregeln aufgibt. Besonders Verbote sind wegen ihrer Reizwirkung (vgl. Kap. I 3.4.1) keine sinnvolle Maßnahme (vgl. Lehrke & Laessle, 2009, S. 26f.).

Vor allem bei Kindern hat sich zur Umsetzung der Energiereduktion die ‚optimierte Mischkost' bewährt. Diese besteht aus wenig Fett, ausreichend Eiweiß, einem hohen Anteil komplexer Kohlenhydrate und berücksichtigt auch die Zufuhr von Vitaminen und Nährstoffen (vgl. Warschburger et al., 2005, S. 40). Die genauen Empfehlungen der DGE (1991) lauten:

- 0,8 kg Eiweiß pro kg Körpergewicht und Tag,

- 25 – 30 % des Gesamtenergiebedarfs sollten durch Fett gedeckt werden,

- mit Kohlenhydraten auf 100 % Gesamtenergiebedarf aufstocken

  (vgl. Feldheim & Steinmetz, 1998, S. 129).

Zur genauen Bestimmung der individuellen Nahrungszusammensetzung muss man daher seinen Gesamtumsatz kennen. Alternativ kann man den ungefähren Bedarf bzw. den reduzierten Wert in alters- und geschlechtsabhängigen Tabellen, wie der in Lehrke und Laessle (2009, S. 27), ablesen. Anschließend müssen die Nährstoffempfehlungen durch Berechnungsbögen (vgl. Abb. 15 – 17, S. 138f.) in absolute Nährstoffmengen und schließlich über Nährwert- und Maßtabellen in Lebensmittelportionen umgewandelt werden. Durch die Vielzahl der Schritte ist diese Methode jedoch sehr aufwendig. Außerdem zwingt sie unsere Gewohnheiten und Vorlieben in ein starres Korsett, das wenig Spielraum für spontane Handlungen lässt. Für die Auswahl der Produkte und dessen Zusammenstellung zu schmackhaften Mahlzeiten bedarf es ein gewisses Maß an Übung. Diese Schwierigkeiten könnte man teilweise umgehen, indem man den Nährstoffgehalt bestehender Mahlzeiten bestimmt und deren Zusammensetzung optimiert (vgl. Feldheim & Steinmetz, 1998, S. 129 – 134).

Eine noch einfachere Möglichkeit der Umsetzung bietet die Orientierung an direkten Lebensmittelempfehlungen (vgl. Reinehr, Dobe & Kersting, 2003, S.

14), die meist als Ernährungskreise oder -pyramiden dargestellt werden (vgl. Abb. 18, S. 140).

Zur Basis (Stufe 1) unserer Ernährung sollte diesen Empfehlungen zufolge Gemüse und Obst gehören. Während beide Nahrungsgruppen reich an Wasser, Ballaststoffen, Vitaminen, Mineralstoffen und sekundären Pflanzenstoffen sind, überzeugen die meisten Gemüsearten zusätzlich durch eine geringe Energiedichte. Auch grobe Vollkornprodukte, Kartoffeln und Hülsenfrüchte sind auf der ersten Stufe zu finden. Sie sind reich an komplexen Kohlenhydraten, Ballaststoffen und pflanzlichem Eiweiß. Des Weiteren sollten ca. zwei Liter kalorienfreie Durstlöscher (vgl. Kap. I 4.5) zur Basis unserer Ernährung gehören (vgl. Müller et al., 2004, S. 142ff.).

Eine Stufe darüber stehen Lebensmittel, die zwar täglich, aber in Maßen verzehrt werden sollten. Eine gute Quelle für essenzielle Fettsäuren und fettlösliche Vitamine sind die auf dieser Stufe angesiedelten Samen und Nüsse, wobei mit Letzteren keine salz- und fetthaltigen Knabberartikel gemeint sind. Auch bei den Milch- und Milchprodukten, die eine bedeutsame Eiweiß- und Kalziumquelle darstellen, lässt sich durch fettreduzierte Varianten Nahrungsenergie einsparen. Neben der Milch sind als Getränke auf dieser Stufe auch Obstsäfte zu nennen, die, wie in Kap. I 4.5 erläutert, jedoch in verdünnter Form konsumiert werden sollten (vgl. ebd., 144f.).

Zur dritten Stufe gehören magere tierische sowie industriell verarbeitete Getreide- und Kartoffelprodukte. Vor allem Seefisch, als wichtige Quelle für Jod, Omega 3 Fettsäuren und Eiweiß, sollte mehrmals wöchentlich verzehrt werden. Viel Eiweiß, aber auch wichtige Substanzen wie Eisen und Zink sind ebenfalls in magerem Fleisch und Eiern enthalten. Vor allem Eier überzeugen durch biologisch hochwertiges Eiweiß (vgl. Kap. I 4.3) und zählen, genau wie Milch und Soja, zu den gesündesten Lebensmitteln überhaupt. Nudeln, Weißbrot, Kartoffelpüree und andere stark verarbeitete Lebensmittel haben gegenüber ihren Vollkornvarianten bzw. im Vergleich zu Pellkartoffeln ein erheblich schlechteres Nährstoff-Energie-Verhältnis (vgl. Kap. I 3.4.2) und gehören daher auch zur dritten Stufe. Alle Produkte dieser Stufe sollten wöchentlich nur moderat verzehrt werden. Für schwarzen Tee und Kaffee werden maximal drei Tassen pro Tag empfohlen (vgl. Müller et al., 2004, S. 145f.).

Auf Stufe vier und damit an der Spitze der Pyramide stehen Lebensmittel, die selten verzehrt und nach Möglichkeit durch Produkte anderer Stufen ausgetauscht werden sollten. Hierzu gehören Fast Food, Süßigkeiten sowie Fleisch und Milchprodukte mit hohem Fettanteil (z. B. Crème fraîche, Speck). Vor allem fettreiche Fleischerzeugnisse sind wegen des hohen Anteils an gesättigten Fettsäuren, Cholesterin und Purinen zu vermeiden. Getränke dieser Stufe sind Softdrinks und alkoholische Getränke (vgl. ebd., S. 146).

Um die Anteile der Wirk- und Nährstoffe möglichst hochzuhalten und Verluste durch Hitze oder Lagerung zu vermeiden, sollten bevorzugt frische Lebensmittel gekauft und häufig als Rohkost verzehrt werden. Auch TK-Waren und Konserven sind gute Alternativen, die lange gelagerten Produkten vorzuziehen sind (vgl. ebd., S. 142ff.). Das gesteigerte Kauverhalten bei Rohkost führt nicht nur zur Ausdehnung der Nahrungsaufnahme, sondern wegen der feineren Zerkleinerung und der verstärkten Speichelproduktion auch zu einer Vergrößerung des Nahrungsvolumens. Insgesamt wird dadurch eine frühzeitige Sättigung bei vergleichsweise geringem Verzehr erreicht (vgl. Koerber, 2004, S. 121).

Zusätzlich zu den Lebensmittelempfehlungen kann das Befolgen allgemeiner Tipps zur Verbesserung der Ernährung beitragen. So tragen Zubereitungsratschläge, wie ‚Halbfettmargarine statt Butter‘, ‚Backpapier statt Blech einfetten‘ oder ‚Braten ohne Fett in beschichteten Pfannen‘ zur Reduktion des Fettanteils maßgeblich bei (vgl. Wittner, 2000, S. 10). Insgesamt können die Empfehlungen noch weiter vereinfacht durch das Beherzigen von sieben Regeln umgesetzt werden:

- weniger tierische, mehr pflanzliche Lebensmittel, vor allem Obst und Gemüse verzehren, dabei möglichst frisch und kurz gegart
- Anteil ballaststoffreicher Lebensmittel erhöhen
- Fette bevorzugen, die einen hohen Anteil ungesättigter Fettsäuren aufweisen
- fettarme Produkte bevorzugen, auch bei Milchprodukten
- Anteil pflanzlicher Proteinquellen erhöhen
- täglich zwei Liter Flüssigkeit in Form von Wasser, Tee und Saftschorlen
- wenig Süßigkeiten, Fast Food und Fertigprodukte
  (vgl. Müller et al., 2004, S. 147).

Mit der Aussage: „Jeglicher Dogmatismus ist unangebracht und führt meist in die falsche Richtung, d. h. weg von der Möglichkeit, sich frei und unabhängig entscheiden zu können" (Koerber et al., 2004, S. 188) befindet auch diese Autorengruppe eine vereinfachte und prinzipielle Beachtung solcher Empfehlungen für ausreichend. Außerdem rät sie, nur zu essen, wenn man Hunger hat und bei Mahlzeiten wegen ihres geringen Energieanteils zuerst die unerhitzten Speisen einzunehmen. Vereinfacht werden kann eine Umstellung durch viele kleine Schritte, die das gewünschte Verhalten in vorhandene Routinen nach und nach integrieren (vgl. ebd., S. 197ff.).

Besonders bei Süßigkeiten kommt ein gänzlicher Verzicht für viele Menschen nicht infrage. Daher können fettarme Naschereien, wie Weingummis, Fruchtbonbons, Lakritze oder Salzstangen empfohlen werden (vgl. Wittner, 2000, S. 11).

Bevor man seine Ernährung umstellt, gilt es jedoch Essensregeln zu hinterfragen, denn es werden viele ‚Märchen' und strittige Aussagen als Weisheiten verbreitet. So hört man z. B. häufig, dass eine Gewichtsreduktion durch die Aufteilung in mehrere kleine Mahlzeiten[8] besser gelänge. Vorteilhaft hierbei sollen eine Verminderung von Blutzuckerschwankungen, der Wegfall langer Nahrungspausen und somit eine Reduktion des Snacking-Verhaltens sein (vgl. Reinehr et al., 2007, S. 178). Studien konnten jedoch zeigen, dass bei einer Verteilung auf mehrere kleine Mahlzeiten durchschnittlich 250 kcal mehr aufgenommen werden als bei drei Hauptmahlzeiten. Außerdem bewirkt der ständig erhöhte Insulinspiegel eine Hemmung der Fettoxidation. Daher würde es mehr Sinn machen, den Ballaststoffanteil der drei großen Mahlzeiten zu erhöhen, um ein länger anhaltendes Sättigungsgefühl hervorzurufen und in der langen Zeit zwischen den Mahlzeiten Fettabbau zu ermöglichen (vgl. Müller et al., 2004, S. 14 f.). Ebenfalls hartnäckig hält sich auch das Märchen von der Bedeutung der Uhrzeit. Tatsächlich konnte nachgewiesen werden, dass spät eingenommene Mahlzeiten mit einer hohen Energiezufuhr korrelieren und daher oft für Übergewicht verantwortlich sind. Dies liegt allerdings nicht an der Uhrzeit des Verzehrs, sondern nur daran, dass während des passiven Abendprogramms bevorzugt ungesunde Snacks und alkoholische Getränke konsu-

---

[8] Meistens werden in der Literatur 5 Mahlzeiten empfohlen.

miert werden. Für die Entstehung von Übergewicht ist ausschließlich die Energiebilanz, nicht die Tageszeit relevant (vgl. ebd., S. 15).

6.3 Bewegungstherapie

Sport und Bewegung haben vielfältige positive Auswirkungen auf unseren Gesundheitszustand. Bezogen auf die Therapie von Adipositas und Übergewicht ist das Erreichen einer negativen Energiebilanz von Bedeutung. Die Wirkung körperlicher Aktivität geht jedoch weit über ihren Einfluss auf den Arbeitsumsatz hinaus. Zum einen wirkt sich Bewegung positiv auf den HDL-Cholesterinspiegel sowie den Blutdruck aus und verbessert die Glukosetoleranz. Zum anderen führen die Steigerung der Thermogenese und die Vergrößerung der Muskelmasse zur langfristigen Erhöhung des Energieumsatzes (vgl. Wittner, 2000, S. 7). Auch direkt nach körperlicher Aktivität ist über einige Stunden ein kurzfristig erhöhter Grundumsatz feststellbar (Post-exercise-Thermogenese) (vgl. Lehrke & Laessle, 2009, S. 29).

Insgesamt soll Bewegung eine Änderung der Körperzusammensetzung bewirken, die auch für die Stabilisation des Körpergewichtes nach einer Abnahme wichtig ist. Zusätzlich führt Bewegung durch die Schulung konditioneller und koordinativer Fähigkeiten zum Abbau motorischer Defizite sowie zur Entwicklung günstiger Bewegungs- und Haltungsgewohnheiten. Die daraus resultierende, verbesserte Körperwahrnehmung und das aufgebaute Muskelkorsett schützen den Körper vor Verletzungen. Dass Sport und Bewegung auch das Risiko von Folgeerkrankungen reduzieren können und somit eine präventive Wirkung besitzen, konnte vor allem im Bezug auf kardiovaskuläre Krankheiten nachgewiesen werden (vgl. Reinehr et al., 2007, S. 190f.).

Auch bzgl. psychosozialer Aspekte werden Bewegung und Sport positive Effekte zugeschrieben, z. B. Abbau von Ängsten und Stärkung des Selbstwertgefühls (vgl. Lehrke & Laessle, 2009, S. 29). Dadurch gelingt es, die eigenen Leistungen realistischer einzuschätzen und so Misserfolge zu vermeiden. Darüber hinaus können durch die Mitwirkung in einer Sportgruppe Kontakte entstehen, die den Ausweg aus der sozialen Isolation ermöglichen. Die Übernahme von Verantwortung, durch bestimmte Aufgaben innerhalb solcher

Gruppen, kann ebenfalls zu einem gesteigerten Selbstbild verhelfen und folglich auch zu einem positiven emotionalen Befinden führen (vgl. Reinehr et al., 2007, S. 191).

Bei der Frage nach den geeignetsten Sportarten und Belastungsintensitäten existieren verschiedene Meinungen. Bei einem Ansatz steht die Fettverbrennung im Mittelpunkt. Vor allem für Personen, die bereits körperliche Beschwerden haben, werden gelenkschonende Ausdauersportarten empfohlen. Besonders eignen sich Disziplinen, bei denen das Körpergewicht nur teilweise getragen werden muss; z. B. Radfahren oder Schwimmen. Neben der Integration solcher und anderer Ausdauersportarten, wie Gymnastik, Skilanglauf, Rudern, Wandern und Walking in den Wochenplan (ca. 2 – 3 Mal 20 min), sollten auch die alltäglichen Bewegungsmöglichkeiten und -anforderungen besser genutzt werden. Hierzu gehört, den Arbeitsweg mit dem Rad hinter sich zu bringen oder Treppen statt Aufzüge zu benutzen (vgl. Wittner, 2000, S. 7). Für die Empfehlung von Ausdauersportarten kommt auch zum Tragen, dass sich übergewichtige Menschen bei Spielsportarten stärker mit anderen vergleichen und ihre schlechteren Leistungen demotivierend wirken. Zum Ausgleich ihrer Defizite sollten daher Grundlagen in Ausdauer und Koordination geschaffen werden (vgl. Grünwald-Funk, 2006, S. 45). Auch bzgl. der Belastungsintensität stehen bei diesem Ansatz Fettverbrennung und Gelenkschonung im Vordergrund. Daher werden Sportarten empfohlen, die möglichst viele Muskelgruppen beanspruchen und hauptsächlich im aeroben Bereich ausgeführt werden (vgl. Lehrke & Laessle, 2009, S. 30). Dies wird damit begründet, dass die Energiebereitstellung bei geringer Intensität verstärkt durch die Umwandlung von Fettsäuren erfolgt (vgl. Wirth, 2008, S. 308). Eine Übersicht über verschiedene Tätigkeiten und ihren Energieverbrauch liefert Tab. 2 (S. 142).

Wie Untersuchungen zeigen konnten, beeinflusst Sport auch unabhängig von der Gewichtsreduktion unsere Gesundheit positiv. Durch regelmäßiges Bewegen wird das Risiko vieler Folgeerkrankungen, wie z. B. Asthma, Diabetes Typ-2, Bluthochdruck, koronare Herzkrankheiten und Krebs, reduziert (vgl. Pedersen & Saldin, 2006). Da die Gefahr der Adipositas von ihren Folgeerkankungen sowie den damit Verbundenen Einschränkungen und Kosten ausgeht, und Sport diese Probleme verringert, kann gesagt werden, dass Sport wichtiger ist als eine Gewichtsreduktion. Dieser Zusammenhang spricht dafür, Ausdauer-sportarten regelmäßig auszuüben.

Ein anderer Ansatz orientiert sich am Spaßfaktor des Sports. Vor allem bei Kindern ist es wichtiger, attraktive Bewegungsräume zu schaffen, um den Spaß an Bewegungen hervorzuheben und so zu lebenslangem Sporttreiben zu motivieren (vgl. Reinehr et al., 2007, S. 189f.). Daher sollte der Fokus bei Kindern auf dem Spaß an der Bewegung statt auf der Fettverbrennung liegen. Da adipöse Menschen oft eine generelle Abneigung gegenüber Bewegung entwickeln, muss Sport so attraktiv wie möglich sein, um sich gegen passive Freizeitbeschäftigungen durchzusetzen und dauerhaft in den Tagesablauf integriert zu werden (vgl. Wirth, 2008, S. 294). Deshalb ist es sinnvoll, möglichst viele Sportarten auszuprobieren, um die passende zu finden (vgl. Lehrke & Laessle, 2009, S. 30). Bei der Auswahl ist lediglich zu beachten, dass keine Gefahr für den ohnehin belasteten Bewegungsapparat besteht. Die Orientie-rung an Belastungsintensitäten und Stoffwechselvorgängen ist bei diesem Ansatz aus mehreren Gründen nicht notwendig. Zum einen sollte bei der Therapie von Kindern wie schon erwähnt Spaß im Vordergrund stehen. Zum anderen ist die weitverbreitete Annahme, dass Fett *ausschließlich* bei geringer Belastung und ab einer bestimmten Zeitspanne umgesetzt wird, falsch. Bei steigender Intensität findet lediglich eine Verschiebung der Oxidation in Rich-tung Kohlenhydratverbrennung statt. Außerdem müssen die entleerten Glyko-genspeicher in Muskeln und Leber wieder aufgefüllt werden, wozu wiederum Energie aus Fettverbrennung benutzt wird. Unumstritten und damit weiteres Argument für die Spielorientierung ist die Abhängigkeit des Energieverbrauchs vom Bewegungsumfang (Intensität * Dauer). Daher muss bei der Auswahl der Sportart nicht zwangsläufig die geringe Intensität im Vordergrund stehen. Spielsportarten werden nicht nur meistens länger durchgehalten als z. B. ein Ausdauerlauf, ihre Intensität ist i. d. R. auch höher. Der daraus resultierende, größere Energieumsatz sowie Spaßfaktor und soziale Aspekte sprechen für die Wahl von Mannschaft- bzw. Spielsportarten (vgl. Wirth, 2008, S. 309 – 312). Wegen der Bedeutung der Muskelmasse für den Grundumsatz sollten auch bereits im Kindesalter Kraftübungen in eine Bewegungstherapie integriert werden. Diese können durch Spielformen mit Hüpf-, Zieh-, Schieb-, Trag-,

Kletter-, Hangel- und Stützelementen oder in Form eines Zirkeltrainings umgesetzt werden; aber auch Bewegungslandschaften eignen sich für ein spielerisches Krafttraining. Da beim Krafttraining eine erhöhte Gefahr der Überlastung besteht, muss darauf geachtet werden, dass die zusätzlichen Gewichte nicht zu schwer sind (vgl. Reinehr et al., 2007, S. 206ff.). Da die Beweglichkeit und somit auch die Trainingsmöglichkeiten durch erhöhtes Körperfett stark eingeschränkt sind, sollten Gymnastik und Dehnübungen ebenfalls zum Trainingsprogramm gehören (vgl. Wirth, 2008, S. 307). Neben den aktiven Bestandteilen ist es wegen des erhöhten Lebensstresses adipöser Menschen für die Therapie außerdem sinnvoll, Entspannungstechniken zu thematisieren (vgl. Reinehr et al., 2007, S. 211).

Obwohl der Einfluss auf die Energiebilanz geringer ausfällt als durch eine Diät, sind die Erfolge sporttherapeutischer Maßnahmen relativ schnell spür- und sichtbar. Solche Veränderungen wirken verstärkend auf Motivation (vgl. ebd., S. 189) und Selbstwertgefühl. Umfragen konnten bestätigen, dass Sporttherapie eine subjektive Verbesserung bzgl. sozialer Akzeptanz, eigener Attraktivität, Selbstwertgefühl, Kontakt zur Außenwelt und freundschaftlicher Kontakte erzielt (vgl. ebd., S. 198).

6.4 Verhaltenstherapie

Die biologische Grundlage einer Fettreduzierung, die negative Energiebilanz, kann durch Ernährungsumstellung und Bewegungstherapie erreicht werden. Auf psychischer, psychologischer und sozialer Ebene existieren jedoch einige Hindernisse, die eine Therapie trotz guten Ernährungs- und Bewegungswissens erschweren. Insbesondere die Stabilität der über Jahre entstandenen Gewohnheiten stellt ein Problem bzgl. einer Verhaltensmodifikation dar (vgl. Wirth, 2008, S. 314), für dessen Lösung verhaltenstherapeutische Methoden benötigt werden. Neben Ernährungswissen werden hierbei auch Selbstkontrollmechanismen, Verhaltensalternativen für kritische Situationen und Stressbewältigungsstrategien vermittelt. Genauso wichtig ist das Erkennen und Erschließen persönlicher Ressourcen sowie der Transfer des Gelernten auf den Alltag. Langfristig sollen die modifizierten Verhaltensweisen zur Reduktion bzw.

Stabilisation des Gewichtes sowie einem positiven Selbstwertgefühl führen (vgl. Warschburger et al., 2005, S. 56f.).

Verschiedene Lerntheorien können die Entstehung von Gewohnheiten erklären, werden daher aber auch zur Entwicklung neuer Verhaltensmuster eingesetzt. Durch das ‚Lernen am Modell' werden in der Kindheit schlechte Ernährungsgewohnheiten erlernt (vgl. Grünwald-Funk, 2006, S. 20). Auch durch das Prinzip des klassischen Konditionierens können Handlungen begründet, erklärt und somit auch modifiziert werden. Popcorn im Kino oder Bier beim Fußball gucken sind automatisierte Verhaltensweisen, die so eng miteinander verknüpft sind, dass sie nicht mehr bewusst wahrgenommen werden. Auch das Einkaufen mit Hunger und/oder ohne Liste führt oft zum Kauf kalorienreicher Lebensmittel. Ziel der Verhaltenstherapie wäre hier, über die Existenz und Wirkung solcher Reize aufzuklären und Verhaltensregeln für dessen Entkopplung aufzustellen (vgl. Klotter, 2007, S. 45). Auch im Bereich des operanten Konditionierens kann eine Aufklärung zu einer Verbesserung der Ernährungssituation führen. Einige übergewichtige Menschen setzen Nahrung als positiven Verstärker und/oder zum Trost bei emotionaler Belastung ein. Daher sollten Diskussionen über Alternativen ebenfalls zur Therapie gehören (vgl. ebd., S. 47).

Als Einstieg in die Therapiesitzungen eignet sich das Abschließen eines Verhaltensvertrags. Dadurch werden einerseits Art und Häufigkeit der Sitzungen festgehalten, andererseits erhalten Vereinbarungen einen offiziellen Charakter, der deren Einhaltung unterstützt. Anschließend sollte eine sog. ‚kognitive Umstrukturierung' erfolgen, bei der die oft unrealistischen Ziele Adipöser in realistische umgewandelt werden. Durch die Absprache erreichbarer Ziele und Zwischenziele (z. B. 2 kg Gewichtsabnahme in 4 Wochen) wird die Motivation während der Therapie aufrecht erhalten, denn durch zu hochgesteckte Ziele steigt die Wahrscheinlichkeit des Scheiterns. Aus dem Gefühl des Versagens folgt Resignation und somit häufig der Abbruch der Therapie. In gleicher Weise müssen grundlegende Denkfehler sowie persönliche Schuldzuweisungen reduziert und korrigiert werden, da diese motivationshemmend wirken. Auf der anderen Seite kommt es jedoch auch zu subjektiven Rechtfertigungen des eigenen Gewichts, die eine objektive Ursachenanalyse erschweren. Doch die Kenntnis der individuellen Ursachen bildet die Grundlage jeder Therapie. Eine hierfür häufig angewandte Methode ist die Selbstbeobachtung durch Protokolle. So erhalten Patient und Therapeut Aufschluss über Nahrungsmenge, -zusammenstellung, Bewegungsverhalten, Art der Esssituation und Gewichtsentwicklung (vgl. Wirth, 2008, S. 315ff.).

Da ein gewünschtes Verhalten nicht durch Druck von außen, sondern nur über Selbstkontrolle erreicht werden kann (vgl. Warschburger et al., 2005, S. 49), müssen Kontrollmechanismen entwickelt werden. Diese sind wegen des permanenten Auftretens von Situationen, welche die Willenskraft der Patienten auf die Probe stellen, von besonderer Bedeutung. Weiterer Therapieinhalte sind daher auch Stimulus- und Reizkontrolle, die das Auftreten kritischer Situationen durch bestimmte Strukturen vermeiden. Es ist z. B. einfacher, einem genussvollen Objekt im Supermarkt aus dem Weg zu gehen, als es zu kaufen und der Verlockung zu Hause zu widerstehen (vgl. Wirth, 2008, S. 316).

Neben der Wahl zu hoher Ziele ist auch rigides Essverhalten ein häufiger Grund für das Scheitern einer Therapie. Egal ob Verbote bestimmter Lebensmittel oder der Wegfall ganzer Mahlzeiten, solche extremen Maßnahmen führen langfristig nicht zum Erfolg. Vielmehr bewirken sie unkontrollierbaren Heißhunger und durch die ‚Egal-Haltung‘ nach Verletzen eines Verbotes auch Fressattacken. Als erfolgreicher erweisen sich flexible Konzepte. Diese strukturieren zwar die notwendigen Umstellungen, ihre Verletzung bedeutet jedoch nicht das Scheitern der Maßnahme. Dennoch kommt es häufig vor, dass Patienten rückfällig werden. Daher ist es sinnvoll, sie auf ein Verfehlen vorzubereiten und gleichzeitig zu verdeutlichen, dass drastische Gegenmaßnahmen in einen Teufelskreis führen (vgl. ebd., S. 317f.). Von besonderer Bedeutung ist auch die Unterstützung durch das soziale Umfeld. Anerkennung und Lob für die geleisteten Veränderungen wirken als Fremdverstärker. Auch Kochen und Bewegen macht gemeinsam mehr Spaß. Daher ist es sinnvoll, Personen aus dem sozialen Umfeld in die Therapie mit einzubeziehen (vgl. Merkle & Knopf, 2005, S. 61).

Neben den bisher erläuterten Therapieelementen können auch Zubereitungstechniken, Warenkunde, Einkaufs- und Trinkverhalten sowie Außer-Haus-Verzehr in den Therapiesitzungen thematisiert werden. Vor allem eine praktische Umsetzung unterstützt die Verinnerlichung der Inhalte (vgl. Klotter, 2007, S. 213).

6.5   Besonderheiten bei Kindern

Der Grundstein unserer Gewohnheiten wird in der frühen Kindheit gelegt. So können bereits die Erfahrungen im Säuglingsalter unser späteres Verhalten beeinflussen. In dieser Phase entsteht häufig ein Problem, weil die Eltern nicht wissen, was der Grund für das Schreien ihres Kindes ist, und es zur Beruhigung stillen. Da jedoch nicht immer Hunger der Auslöser für das Schreien ist, kommt es zur Kopplung von negativen Reizen und Nahrungsaufnahme. Essen erlangt für das Kind somit die Bedeutung eines ‚Allheilmittels', dessen spätere Nutzung bei emotionalen Zuständen sich erheblich auf Essgewohnheiten auswirken kann (vgl. Merkle & Knopf, 2005, S. 57f.). Diese Verknüpfung wird allerdings auch in späteren Lebensabschnitten verinnerlicht. So wird Nahrung als Belohnung oder zum Trösten eingesetzt (vgl. Kap. I 3.4.1). Um die negativen Einflüsse solcher Reizkopplungen zu verringern, müssen Eltern über deren Wirkung aufgeklärt werden. Auch bei der Diskussion über alternative Verstärker sollten Eltern einbezogen werden. Ihnen muss klargemacht werden, dass Liebe und Zuneigung besser zum Trösten geeignet sind als Süßigkeiten (vgl. Klotter, 2007, S. 47). Da sich eine nachträgliche Modifikation gefestigter Gewohnheiten als weitaus komplizierter erweist, ist es ratsam, möglichst früh einzugreifen, um eine Entstehung gar nicht erst zuzulassen (vgl. Reinehr et al., 2003, S. 12).

Für einen Einbezug der Eltern spricht außerdem, dass Kinder sich vor allem über das Lernen am Modell entwickeln. Weil die Vorbildfunktion der Eltern universell und unabhängig von der Attraktivität des Modells ist, werden auch schlechte Ernährungs- und Bewegungsgewohnheiten übernommen (vgl. Grünwald-Funk, 2006, S. 20). Daher liegt ein Großteil der Verantwortung für die Entwicklung von Gewohnheiten bei den Eltern. Doch selbst wenn ihnen diese Verantwortung bewusst ist und sie über das nötige Fachwissen verfügen, resultiert daraus nicht zwangsläufig ein gesünderer Lebensstil ihrer Kinder. Dies liegt oft an der Herangehensweise. Durch eine strenge Kontrolle von außen wird die Entwicklung von Selbstständigkeit blockiert. Da dies langfristig zur

Verschlechterung von Verhaltensmustern führt, sollte stattdessen die Vermittlung von Selbstkontrollmechanismen angestrebt werden (vgl. Warschburger et al., 2005, S. 31). Diese Vermittlung müssen Eltern jedoch genauso lernen, wie das kindgerechte Erklären von Essensregeln, denn eine Begründung, die auf theoretischem Wissen basiert, ist für Kinder meistens nicht einsichtig (vgl. Hassel, 2000, S. 40). Einfacher und auch sinnvoller ist es hingegen, solche Regeln gemeinsam mit dem Kind zu erarbeiten. Ein derartiges Mitspracherecht sollte Kindern auch bei der Wahl von Lebensmitteln und Verzehrmengen eingeräumt werden, um den Erhalt der natürlichen Sättigungsregulation zu unterstützen. Ein Rückgang dieser Mechanismen entsteht hingegen durch den äußeren Zwang, einen gefüllten Teller leer zu essen. Insgesamt müssen Eltern daher aufgefordert werden, einen Mittelweg zwischen notwendigem Einfluss und Erziehung zu Selbstständigkeit anzustreben (vgl. Kersting & Alexy, 2005, S. 38).

Die Öffnung des Erziehungsstils birgt auch Hindernisse. So fragen sich Eltern oft, wie sie mit Geschmacksabneigungen umgehen sollen (vgl. Kersting, 2000, S. 38f.). Da derartige Aversionen aus der Angst vor dem Unbekannten entstehen, vergehen sie oft genauso schnell, wie sie gekommen sind. Problematisch wird es jedoch, wenn die Abneigungen sich verfestigen und dadurch zu Einschränkungen führen. Dieser Schwierigkeit kann ähnlich wie der Reizkopplung durch ein frühes Eingreifen vorgebeugt werden; hier durch ein möglichst frühes Kennenlernen der natürlichen Geschmacksvielfalt. Um Konflikte zu vermeiden und die Wirkung solcher Methoden zu verbessern, wäre es sinnvoll, wenn sich die Ernährungsversorgung in anderen Lebensbereichen der Kinder, wie Kindergarten oder Schule, an ähnlichen Prinzipien orientiert. Ist die Abneigung bestimmter Lebensmittel bereits gefestigt oder eine Neoaversion sehr ausgeprägt, bietet das Mischen von Lebensmitteln, z. B. Vollkornnudeln mit ‚Normalen‘, eine Möglichkeit Veränderungen langsam umzusetzen (vgl. ebd., S. 38f.). Dass bereits geringe Abweichungen ausreichen, um Kinder zu überzeugen, zeigt das Beispiel von vorgeschnittenem Obst und Gemüse. Scheinbar verlieren diese gesunden Lebensmittel ihre abschreckende Wirkung, wenn sie als Fingerfood angeboten werden (vgl. Kersting & Alexy, 2005, S. 28).

Weiterhin zu beachten ist, dass Diäten für Kinder und Jugendliche besonders gefährlich sind. In den Wachstumsphasen besteht ein erhöhter Bedarf an Energie und Nährstoffen, wodurch eine Mangelversorgung schneller erreicht wird (vgl. Lehrke & Laessle, 2009, S. 25). In Kap. I 6.2.2 erfolgt die Empfehlung über günstige Verzehrfrequenzen (z. B. täglich moderat). Doch aufgrund der eben erläuterten Abweichungen sollten auch altersspezifische Verzehrmengen berücksichtigt werden (vgl. Tab. 3, S. 143).

Insgesamt nehmen Eltern bei der Entstehung kindlicher Adipositas eine Sonderrolle ein. Neben der genetischen Disposition sind sie die ersten und meist dauerhaftesten Vorbilder für Kinder. Auch Erziehungsstil und Ernährungsgewohnheiten beeinflussen das Verhalten von Kindern maßgeblich. Besonders bei nicht vorhandenem Mitspracherecht ist die Wahrscheinlichkeit, dass die alleinige Therapie des Kindes die familiäre Situation positiv beeinflusst, gering. Dies ist dadurch zu erklären, dass die erlernten Inhalte im Verantwortungsbereich der Eltern wenig ernst genommen werden und deren Anwendung durch familiäre Gewohnheiten blockiert wird. Eltern sollten wegen einer ganzen Reihe von Gründen in die Therapie mit einbezogen werden. Zum einen müssen sie lernen, wie sie den Erfolg ihrer Kinder positiv beeinflussen können, z. B. muss die Kommunikation zwischen Eltern und Kind funktionieren, um das Mitspracherecht der Kinder zu gewährleisten. Zum anderen haben viele Eltern die gleichen Probleme wie ihre Kinder und benötigen daher, nicht nur um ihrer Vorbildfunktion gerecht zu werden, ebenfalls eine Therapie (vgl. Kap. I 3.2; Reinehr et al., 2007, S. 76).

Eine gemeinsame Therapie heißt jedoch nicht, dass alle Sitzungen gemeinsam besucht werden. Je nachdem, ob Eltern ebenfalls betroffen sind, ist es sinnvoll, nur die Kinder, nur die Eltern oder beide Gruppen zu den unterschiedlichen Themen einzuladen. Zweckmäßig wäre eine gemeinsame Sitzung z. B. für die Ursachenanalyse oder eine Diskussion über Veränderungsmöglichkeiten bzgl. Mahlzeiten und Mithilfe (vgl. Merkle & Knopf, 2005, S. 61).

Folglich muss auch die Struktur der Therapiemaßnahmen an die Patienten angepasst werden. Bei der Behandlung von Kindern sollten daher Gespräche über familiäre Ernährungskonflikte und persönliche Interessen zur Grundlage gehören. Auch die Vermittlung der Inhalte sollte kindgerecht erfolgen. Handlungsorientierte Lernmodelle, wie gemeinsames Kochen oder das Kennenlernen von Lebensmitteln und deren Geschmack orientieren sich in besonderer Art und Weise am Entwicklungsstand und Bedürfnis des Kindes. Außerdem sollten bei der Umsetzung der einzelnen Maßnahmen Spaß- und Erlebnisfaktor im Vordergrund stehen (vgl. Hassel, 2000, S. 40ff.).

Trotz der Besonderheiten und Schwierigkeiten bei einer Therapie von Kindern spricht einiges für eine frühzeitige Intervention. Zunächst können sich ungünstige Verhaltensweisen ohne eine Behandlung ausweiten und werden zunehmend resistent gegenüber Änderungsversuchen. Dadurch ist auch zu erklären, dass eine frühzeitig entstandene Adipositas häufig bis ins Erwachsenenalter bestehen bleibt. Letztendlich werden im Kindesalter auch biologische und psychosoziale Strukturen geschaffen, die durch einen erhöhten Körperfettanteil negativ beeinflusst werden (vgl. Warschburger et al., 2005, S. 36).

6.6 Grenzen und Schwierigkeiten

Eine alleinige Ernährungsumstellung bewirkt zwar eine generelle Gewichtsabnahme, der Verlust von Körperfett fällt jedoch geringer aus als bei gleichzeitiger Bewegungstherapie. Der Verzicht auf körperliche Aktivität führt durch die Sparmaßnahmen des Organismus nicht nur zur Abnahme der Leistungsfähigkeit. Vor allem bei extremen und kurzzeitigen Formen der Ernährungsumstellung erhöht sich auch die Gefahr der erneuten Gewichtszunahme (vgl. Wirth, 2008, S. 296f.). Ebenfalls geringe Effekte erzielt eine alleinige Bewegungstherapie. Da der zusätzliche Energieverbrauch durch Bewegung im Vergleich zum Gesamtumsatz relativ gering ausfällt, kann die notwendige negative Energiebilanz bei unverändertem Ernährungsverhalten auch durch tägliches Sporttreiben nur schwer erreicht werden. Daraus kann gefolgert werden, dass eine erfolgreiche und langfristige Behandlung nur durch das Zusammenwirken beider Therapieformen erreicht werden kann (vgl. ebd., S. 294f.). Dafür sprechen auch die höheren Erfolgsquoten mehrdimensionaler Interventionsprogramme, deren Überlegenheit besonders bei Kindern deutlich wurde (vgl. Lehrke & Laessle, 2009, S. 32f.). Doch auch neuere Methoden weisen noch Schwächen auf und werden der multifaktoriellen Genese der Adipositas nur teilweise gerecht. Es werden zwar individuelle Ursachen und Präferenzen berücksichtigt, das Problem sozialer Ungleichheit und anderer Rahmenbedingungen kann dadurch jedoch nicht gelöst werden (vgl. Klotter, 2007, S. 166f.). So sind uns z. B. trotz der Bestrebungen, die Lage im eigenen Haushalt zu verbessern, in Situationen des Außer-Haus-Verzehrs die Hände gebunden (vgl. Wittner, 2000, S. 11). Daher muss man sich eingestehen: „Für die Zukunft werden diese drei Säulen nicht ausreichen, weil sie nur am Individuum ansetzen und nicht an der Bevölkerung" (Klotter, 2007, S. 212).

6.7 Folgerungen

Da eine Therapie nicht nur teuer, sondern auch sehr aufwendig und immer noch mit zu hohen Misserfolgsquoten verbunden ist, sollten die Anstrengungen der Gesellschaft vermehrt auf Präventivmaßnahmen gelegt werden. Die Vermittlung von Ernährungswissen und praktischen Erfahrungen sowie die Unterstützung bei der Entstehung von Selbstständigkeit, Selbstbewusstsein und Bewegungserfahrungen sollte möglichst früh erfolgen. Da das familiäre Umfeld von besonderer Bedeutung ist, ist außerdem die gezielte Schulung der elterlichen Erziehungskompetenzen sinnvoll. Schon durch ein verbessertes Vorbildverhalten kann ein Beitrag zum Ausgleich sozialer Benachteiligung geleistet werden (vgl. Reinehr et al., 2007, S. 249).

Neben unserem Wissen über Ernährung und dem Preis eines Produktes sind außerdem Verfügbarkeit und Bekanntheit aus der Werbung für die Auswahl eines Lebensmittels relevant. Besonders auf Kinder haben Medien einen enormen Einfluss, dem auch eine Verhaltenstherapie nur bedingt etwas entgegensetzen kann (vgl. ebd., S. 146). Diesbezüglich stellt Diehl (2000, S.31) die Legalität von Lebensmittelwerbung infrage. Seiner Ansicht nach verstößt die Gesamtheit der Spots gegen §7 des Rundfunk-Staatsvertrages. Dieser besagt, „[...] dass Werbung nicht irreführen, den Interessen der Verbraucher nicht schaden und nicht Verhaltensweisen fördern darf, die die Gesundheit oder Sicherheit der Verbraucher [...] gefährden" (Diehl, 2000, S. 31). Außerdem betont der Paragraf, dass die Unerfahrenheit von Kindern und Jugendlichen nicht ausgenutzt werden darf. Genau hiergegen verstoßen jedoch die meisten

Werbeclips, da Werbung lediglich das Bild von Genuss und Spaß vermittelt. Gesundheit wird nur thematisiert, um den Verbraucher zu täuschen. Durch Formulierungen wie „Das Gute der Milch" entsteht der Eindruck, dass ein gesundes Lebensmittel Hauptbestandteil einer Süßigkeit ist, in Wahrheit sind jedoch nur verschwindend geringe Mengen enthalten. Aus Mangel an Erfahrung hinterfragen Kinder solche Aussagen nicht und fördern durch ihr Mitsprache-recht, das bei Süßigkeiten besonders stark ausgeprägt ist, den Kauf der bewor-benen Produkte. Dass der Verzehr von Obst und Gemüse ebenfalls einen Genuss darstellen kann, der auch noch gesund ist, bleibt in den Darstellungen der Werbeindustrie verborgen. Dies trägt dazu bei, dass Kinder und Jugendli-che kaum Vorstellungen von gesunder Ernährung haben und sich in den seltensten Fällen den Kauf von Obst und Gemüse wünschen. Vor allem wegen der langfristigen Folgen einer solchen Ernährung sollte besonders bei Kinder-sendungen über Auflagen und Verbote für Lebensmittelwerbung nachgedacht werden (vgl. Diehl, 2000, S. 31f.).

Wegen ihres erheblichen Einflusses könnte die Wirkung der Medien jedoch auch für eine positive Veränderung der Gewohnheiten genutzt werden. Bewe-gungs- statt Werbepausen, Ernährungsshows sowie Sendungen über Sportar-ten und Bewegungsspiele könnten den Anteil körperlicher Aktivität erhöhen, das Ernährungswissen verbessern und somit einen Beitrag zu Therapie und Prä-vention leisten. Dass solch ein Konzept funktionieren kann, zeigt die vom Aerobic-Vizeweltmeister Magnus Scheving entwickelte Sendung ‚Lazy Town' aus Island (vgl. Reinehr et al., 2007, S. 138).

Kliche und Koch (2007, S. 83) schlagen außer den bereits angesprochenen Maßnahmen vor, Veränderungen im Lebensmittel- und Steuerrecht durchzuset-zen. Neben Steuererhöhungen für ungesunde Lebensmittel und Sonderabga-ben für Fast Food geht es hierbei vorrangig um Kennzeichnungspflichten von Produkten sowie das Verbot von Verkaufstricks (z. B. Süßigkeiten auf Kinder-augenhöhe oder in Kassennähe).

Auch eine Umstrukturierung von Verkehrs- und Wohngebieten kann sich positiv auf unser Bewegungsverhalten auswirken. Durch Fußgängerzonen, autofreie Straßen am Wochenende oder Spielstraßen und verkehrsberuhigte Wohnge-biete kann die Pkw-Nutzung zu Gunsten einer verbesserten Mobilität per

Fahrrad und zu Fuß eingeschränkt werden und dadurch kann auch Raum für Spiel- und Bewegungsmöglichkeiten entstehen. Zur Steigerung der Bewegung hilft auch das Einrichten öffentlicher Sport- oder Skateranlagen. Natürlichen folgt aus solchen Veränderungen nicht zwangsläufig eine höhere körperliche Aktivität, aber es müssen zunächst Möglichkeiten geschaffen werden, um Sport und Bewegung so attraktiv wie möglich zu gestalten (vgl. Kliche & Koch, 2007, S. 83).

Durch die starken Veränderungen unserer Gesellschaft bzgl. Arbeitsbedingungen und Zeitressourcen hat sich der Erziehungsauftrag von Kindergarten und Schule erweitert. Daher kommt auch der Gesundheitserziehung in diesen Institutionen eine gesteigerte Bedeutung zu. Wünschenswert wäre demnach ein frühzeitiger sowie nachhaltiger Einbezug in unser Bildungs- und Betreuungssystem (vgl. Klotter, 2007, S. 184). Doch eine Verbesserung der Ernährungssituation kann nicht allein durch die Erweiterung theoretischen Wissens umgesetzt werden. Aus der erheblichen Diskrepanz zwischen Ernährungswissen und Essverhalten in unserer Gesellschaft ist zu folgern, dass es neben rationaler Wissensvermittlung vor allem einer praktischen Auseinandersetzung mit Lebensmitteln und deren Zubereitung bedarf. Daher ist es fraglich, ob unser derzeitiges Schulsystem diese Ziele verwirklichen kann (vgl. Tappeser, Baier, Ebinger & Jäger, 1999, S. 20).

Die Schule ist jedoch nicht nur wegen ihrer Möglichkeiten, auf Wissen und Fähigkeiten einzuwirken, für Adipositas relevant, sondern auch, weil die Rahmenbedingungen den Bewegungsumfang und das Essverhalten beeinflussen. Unterricht (bis auf Sport) ist i. d. R. den sitzenden Tätigkeiten zuzuordnen, deren Energieverbrauch sehr gering ist. Auch in den Pausen ist der Umfang körperlicher Aktivität abhängig von Rahmenbedingungen wie Bewegungsmöglichkeiten und Schulregeln. Auch die Nahrungsaufnahme durch äußere Strukturen beeinflusst. Je nachdem, ob gerade Unterricht oder Pause ist, gelten andere Regeln, die Essen oder Trinken erlauben oder verbieten. Dadurch isst man nicht unbedingt aus Hunger, sondern weil gerade Pause ist. Dies kann die natürliche Hunger-Sättigungs-Regulation durcheinanderbringen (vgl. Kap. I 3.4.1). Doch der Schulalltag beeinflusst nicht nur die Abstände zwischen Mahlzeiten. An den meisten Schulen werden an Automaten, am Kiosk oder in

84

der Mensa Lebensmittel verkauft. Dass diese Angebote zum Außer-Haus-Verzehr gehören, steht außer Frage. Ob sie jedoch genauso problematisch zu bewerten sind, wie die Gesamtheit der außerhäuslichen Ernährung (vgl. Kap. I 6.6), hängt von ihrer Qualität ab. Dass diese unzureichend ist, lässt zumindest der Ansatz von Kliche und Koch (2007, S. 83) vermuten, der die Verbesserung der Bewegungs- und Ernährungsmöglichkeiten innerhalb der Schule vorschlägt. Demnach sollten reizvolle Sportangebote, AGs und Geräte auf dem Schulhof genauso zu einer Verbesserung beitragen, wie z. B. die Abschaffung von Automaten mit Softdrinks und die Einführung preiswerter aber gesunder Essensangebote.

II Ernährungs- und Bewegungsangebote an Schulen

1 Forschungsdesign

Innerhalb dieser Studie dient die Beschreibung des Forschungsdesigns dazu, die angewandte methodische Vorgehensweise nachvollziehbar und transparent zu machen. Die Struktur der Analyse orientiert sich am Ablaufmodell von Hug und Poscheschnik (2010, S. 67).

1.1 Theoretischer Rahmen

Der theoretische Rahmen der Untersuchung wird durch den ersten Teil dieser Studie gegeben. Dort wurde verdeutlicht, dass für die Entstehung von Adipositas zwei grundlegende Probleme verantwortlich sind: Bewegungsmangel und eine zu hohe Energieaufnahme. Die Institution Schule sollte wegen ihres allgemeinen Bildungsauftrags, durch die Vermittlung von theoretischem Wissen und praktischen Erfahrungen einen Beitrag zur Entwicklung eines gesunden Lebensstils leisten. Doch neben der Tatsache, dass gesundheitliche Themen unzureichend behandelt werden, kann außerdem gesagt werden, dass die Strukturen und Angebote der Schule das Bewegungs- und Essverhalten von Schülern beeinflussen. Die meiste Zeit des Schulalltags besteht aus sitzenden Tätigkeiten, was den Bewegungsumfang der Schüler und somit auch den Energieumsatz minimal ausfallen lässt (vgl. Kap. I 5.3). Positiv hingegen wirken sich Sportunterricht, Sport-AGs und Bewegungsmöglichkeiten während der Pause aus. Der Nutzen dieser Aspekte ist jedoch stark vom Angebot abhängig. Ein ähnlicher Zusammenhang besteht auch zwischen Essverhalten und Verpflegungsangebot. Während es früher fester Bestandteil der Versorgung war, schaffen Eltern es heutzutage immer seltener, Pausenbrote zu schmieren und diese gelten in der Schule zunehmend als ‚uncool'. Insgesamt wird dadurch die Zwischenverpflegung heute häufig am Kiosk erworben. Ebenfalls durch die Veränderungen der Arbeitswelt verursacht, nehmen Ganztagsangebote immer weiter zu, womit auch die Notwendigkeit der Mittagsverpflegung steigt (vgl. Lülfs & Lüth, 2006, S. 53ff.).

Insgesamt ist festzuhalten, dass das Ess- und Bewegungsverhalten von Schülern heute stärker als früher von den Rahmenbedingungen und Angeboten der Schule abhängt und diesen dadurch auch eine Bedeutung für die Entstehung bzw. Prävention von Adipositas zukommt (vgl. Reinehr et al., 2007, S. 13).

1.2 Fragestellung

Wegen dieses Zusammenhangs zwischen Schulstruktur und Adipositas soll untersucht werden, ob die Rahmenbedingungen und Angebote der Schulen in der Region Hannover die Entstehung von Adipositas begünstigen oder verhindern. Da eine Vergleichsstudie wegen der Schulpflicht der BRD unmöglich ist, kann die Wirkung der Schule nur durch eine Analyse der Angebote eingeschätzt werden. Daraus ergibt sich die Fragestellung: „Wie hoch sind Qualität und Quantität von Bewegungs- und Ernährungsangeboten an Schulen in der Region Hannover?"

Dazu werden zum einen Quantität und Vielfalt[9] der Bewegungsangebote untersucht, zum anderen wird geprüft, ob die schulischen Nahrungsangebote, die sich in Zwischenverzehr und Mittagsverpflegung gliedern, den Empfehlungen einer kindgerechten Ernährung entsprechen. Zusätzlich soll erörtert werden, ob und mit welchen Folgen Rahmbedingungen der Schule den Konsum selbstmitgebrachter Getränke beeinflussen.

1.3 Stichprobe und Erhebungsmethode

Um möglichst hohe Rücklaufraten zu erzielen, wurde das Anschreiben (vgl. S. 160) nicht direkt an die Schulen geschickt, sondern Lehrer bzw. Referendare aus dem privaten Umfeld gebeten, die Übermittlung an die Schulleitung sowie die Rücksendung zu übernehmen. Die teilnehmenden Schulen ergaben sich somit aus der Hilfsbereitschaft dieser Ansprechpartner sowie der Zustimmung der Schulleitung, weshalb die Stichprobe als zufällig gilt. Unter den insgesamt zehn teilnehmenden Schulen waren bis auf Grundschulen alle allgemeinbildenden Schulformen des Landes Niedersachsen sowie eine Berufsschule vertre-

---

[9] Die Vielfalt der Angebote ist für die langfristige Integration von Sport in den Alltag wichtig (vgl. Kap. I 6.3)

ten. Weiterhin ist anzumerken, dass nicht an jeder Schule alle Angebote vorhanden waren. An Schule 7 gab es keinen Kiosk, an der Hauptschule Mellendorf keine Mensa und an Schule 6 wurden keine AGs angeboten. Diese Schulen gehen nicht in die Durchschnittswerte ein, da es sich um Einschränkungen handelt, die aus der Schulform (Berufsschule) oder Bausmaßnahmen resultieren.

Die Datenerhebung erfolgte durch die Bereitstellung der im Anschreiben genannten Unterlagen sowie das Ausfüllen eines Fragebogens (vgl. S. 162). Festgehalten wurden die Daten durch eine Auflistung des Angebots oder das Fotografieren vorhandener Listen. Diese Aufgaben wurden in den meisten Fällen ebenfalls von den Ansprechpartnern übernommen.

1.4 Aufbereitungs- und Auswertungsmethoden

Jeder der drei Untersuchungsteile war anderen Strukturen unterworfen. Daher benötigte jeder Bereich spezifische Aufbereitungs- und Auswertungsmethoden, die im Folgenden separat vorgestellt werden (vgl. Hug & Poscheschnik, 2010, S. 163).

1.4.1 Aufbereitungs- und Auswertungsmethoden Bewegungsangebot

Die untersuchten Bewegungsangebote der Schulen gliederten sich in Sportunterricht, AG- und Pausenangebot. Außerdem wurden Kooperationen mit Vereinen abgefragt und analysiert. Da es für fast keinen der Aspekte des Bewegungsangebots offizielle Richtlinien oder Empfehlungen gab, wurden die Angebote einzelner Schulen lediglich beschrieben und durch den Vergleich untereinander eingeschätzt. Eine Ausnahme waren die gesetzlichen Vorgaben zum Sportunterricht. Laut Stundentafeln sind an allen allgemeinbildenden Schulen in Niedersachsen zwei Stunden Sport pro Woche vorgesehen (vgl. Niedersächsisches Kultusministerium, 2005; ebd., 2010a – c; ebd., 2011a – c). Dementsprechend galt es, zu prüfen, ob Schulen durch zusätzliche Sportstunden zu einer Erhöhung des Bewegungsumfangs von Schülern beitragen.

Für die Einschätzung des AG-Angebots waren zwei Faktoren relevant. Zunächst wurde ein Quotient aus der Anzahl der Schüler, die am AG-Betrieb teilnehmen konnten, und der Anzahl der Sport AGs gebildet, um einschätzen zu können, ob genug AGs angeboten wurden. Der zweite Aspekt, der untersucht wurde, ist die Vielfalt des Angebots. Um diese beurteilen zu können, wurden alle angebotenen AGs den ELF ,Schwimmen, Tauchen, Wasserspringen', ,Turnen und Bewegungskünste', ,Gymnastisches und tänzerisches Bewegen', ,Laufen, Springen, Werfen', ,Bewegen auf rollenden und gleitenden Geräten', ,Kämpfen', ,Spielen' und ,Fitness' (vgl. Niedersächsisches Kultusministerium, 2010d) zugeordnet. Alle Kurse, die sich nicht einem der ELF zuordnen ließen, wurden unter der Kategorie ,Sonstiges' aufgelistet. Letztendlich wurde geprüft, wie viele der neun AG-Kategorien durch das Angebot der Schule abgedeckt wurden, um daraus Aussagen über die Fülle des Angebots abzuleiten.

Das Pausenangebot wurde in Flächen, festinstallierte und ausleihbare Sportgeräte unterteilt. Diesbezüglich wurde geprüft, wie viele der untersuchten Schulen eine bestimmte Sportart oder Bewegungsmöglichkeit ermöglichten. Außerdem wurde untersucht, wie weit ein zusätzliches Angebot in Form einer ,bewegten Pause' verbreitet war.

Die Kooperationen der Schulen entzogen sich den zuvor gewählten Vergleichsmöglichkeiten, da sie sich teilweise zu stark voneinander unterschieden. Daher konnte nur erarbeitet werden, an wie viel Schulen Kooperationen vorhanden waren. Die Darstellung der Projekte beschränkt sich daher auf einzelne Beispiele.

Die Frage nach Bewegungsverboten wurde aus der Untersuchung ausgeschlossen. Grund hierfür ist, dass an keiner der untersuchten Schulen ein generelles Spiel- oder Bewegungsverbot vorlag. Ballverbote im Gebäude oder vor einzelnen Fensterfronten (Glasbruchgefahr) waren hingegen an fast allen Schulen vorhanden, stellten jedoch keine gravierende Einschränkung in der Bewegungsfreiheit der Schüler dar.

1.4.2 Aufbereitungs- und Auswertungsmethoden Zwischenverzehr

Die Bewertung des Zwischenverzehrangebots erfolgte durch einen Abgleich der angebotenen Produkte mit den entsprechenden Empfehlungen (vgl. Tab. 4, S. 144; Bölts, Girbardt & Hoffmann, 2011, S. 13). Dafür musste zunächst das Angebot strukturiert werden, indem einzelne Produkte mit gleichen Eigenschaften zu Kategorien zusammengefasst wurden. Die ersten vier Kategorien lauten ,Vollkornprodukte', ,selbst gemachte Joghurts', ,Obst' und ,Gemüse'. Diese wurden in den Empfehlungen genannt und deshalb positiv bewertet. Für alle angebotenen Produkte, die nicht Teil der Empfehlungen waren, wurden weitere Kategorien gebildet. Doch nicht alle Lebensmittel, die in den Qualitätsstandards nicht mit dem Prädikat ,optimal' versehen werden, sind automatisch ungesund. So bestehen z. B. erhebliche Unterschiede in der Nährstoffzusammensetzung von Laugengebäck und Croissants (vgl. Heseker & Heseker, 1993, S. 29f.). Da solche Unterschiede auch bei anderen Backerzeugnissen vorlagen, wurden die Kategorien ,Backwaren' und ,belegte Backwaren' von den übrigen Produktgruppen abgegrenzt und neutral bewertet. Alle Produkte, die keiner der bisherigen Kategorien zugeordnet werden konnten, wiesen einen zu hohen Zucker- und/oder Fettanteil auf und wurden daher als ungeeignet für den Zwischenverzehr eingestuft. Unterschieden wurden diese Produkte in ,fettreiche Backwaren', ,süße Backwaren', ,Süßspeisen', ,Fast Food & Snacks', ,Süßigkeiten' und ,Knabberartikel'.

Das Getränkeangebot wurde ebenfalls auf diese Weise strukturiert. Wasser war das einzige Produkt, das sowohl in den Empfehlungen der DGE als auch im Angebot der Schulen vorhanden war.[10] Die restlichen Kategorien leiteten sich aus dem schulischen Angebot ab. Sie lauten ,Milchmixgetränke', ,Säfte & Schorlen', ,koffeinhaltige Heißgetränke' und ,Erfrischungsgetränke'. Der Grund für die negative Bewertung von Produkten der letztgenannten Kategorie, wie Softdrinks, Eistees, Energiedrinks und Sportgetränken, erklärt sich durch den Zusatz von Zucker und/oder anderen Stoffen (Koffein, Farbstoff, künstliche Aromen etc.). Auch die Produkte der übrigen Kategorien sind als Durstlöscher, besonders für Kinder, ungeeignet und wurden daher negativ bewertet. In Kapitel I I4.5 wurden Saftschorlen zwar als Kompromiss vorgeschlagen, doch dieser Rat galt ausschließlich für selbst gemischte Getränke mit einem hohen Wasseranteil. Alle an Schulen angebotenen Schorlen waren jedoch industriell abgefüllte Mischungen, deren Energiegehalt sich nur knapp von dem einiger Erfrischungsgetränke unterscheidet (vgl. Heseker & Heseker, 1993, S. 128). Auch die angebotenen Milchmixgetränke entsprachen nicht den Ansprüchen

---

[10] Ungesüßte Früchte- und Kräutertees werden empfohlen, aber an keiner Schule Angeboten.

der Qualitätsstandards sowie den Kriterien eines geeigneten Durstlöschers. Während Milch schon durch seine natürlichen Fett- und Eiweißanteile Energie enthält, liegt der Energiegehalt von Kakao, Erdbeer- oder Vanillemilch durch den Zusatz von Zucker noch höher (vgl. ebd., S. 147f.). Das hier schon ungünstige Verhältnis von Flüssigkeit und Energie fällt bei Heißgetränken, wie Cappuccino oder Latte macchiato, noch schlechter aus. Doch auch kalorienarme Getränke dieser Kategorie, wie Kaffee oder Schwarztee, sind wegen des Koffeingehalts als Durstlöscher nicht geeignet (vgl. ebd., S. 132; Kap. I 4.5).

Eine Übersicht über alle Kategorien des Zwischenverzehrs, zugehörige Produktbeispiele sowie Anmerkungen zum Vergleich mit den Empfehlungen und zur Bewertung innerhalb dieser Studie gibt Tab. 5 (S. 145).

Zur Bewertung der Gesamtsituation sowie dem Vergleich einzelner Schulen wurde zunächst die Verteilung der einzelnen Produktgruppen vorgestellt. Anschließend wurden außerdem die Anteile geeigneter, neutraler und ungeeigneter Produkte abgeleitet und dargestellt.

Die Antworten zur Frage nach Trinkregeln wurden ebenfalls kategorisiert. Die einzelnen Angaben wurden im Hinblick auf die Bedeutung der Flüssigkeitszufuhr (vgl. I4.5) bewertet. Positiv zu bewerten ist die Erlaubnis, während des Unterrichts trinken zu dürfen, Trinkpausen im Sportunterricht sowie Regeln, die den Konsum der empfohlenen Durstlöscher fördern. Generelle Verbote hingegen sind negativ und eine Abhängigkeit vom Lehrer neutral zu bewerten. Da bei dieser Frage mehrfach Antworten möglich waren, erfolgt die Darstellung über das absolute Vorkommen der Regeln.

1.4.3 Aufbereitungs- und Auswertungsmethoden Mittagsangebot

Zur Bewertung der Angebotsqualität wurden mit einem Analyseprogramm der DGE die Zusammensetzung der Makronährstoffe[11] sowie vier weitere Werte bestimmt und mit Referenzwerten der DGE verglichen. Die Empfehlungen lauten:

- zwischen 480 und 612 kcal (je nach Alter)
- 50 E% aus Kohlenhydraten
- 20 E% aus Eiweiß[12]

---

[11] Makronährstoffe sind Kohlenhydrate, Fett und Eiweiß.

- 30 E% aus Fett
- zwischen 4,5 und 7,5 g Ballaststoffe (vgl. Bölts et al., 2011, S. 21)
- 1/3 des Fettes aus gesättigten Fettsäuren (vgl. Kap. I 4.1)
- max. 10 E% aus isoliertem Zucker (vgl. Kap. I 4.2)

Während die meisten Referenzwerte als prozentuale Anteile gegeben und somit altersunabhängig sind, werden für den Energie- und Ballaststoffgehalt absolute Empfehlungen je nach Alter genannt. Diese Untersuchung bezieht sich jedoch lediglich auf das Angebot und nicht auf das Verzehrverhalten unterschiedlicher Altersgruppen. Da das schulische Angebot die Bedürfnisse aller Schüler erfüllen soll, wurde bei diesen zwei Angaben der Mittelwert des angegebenen Intervalls als Referenzwert gewählt. Daraus ergaben sich die angepassten Referenzwerte 546 kcal und 6 g Ballaststoffe. Da Ballaststoffe sich positiv auf das Sättigungsgefühl auswirken und ihre Zufuhr empfohlen wird (vgl. Kap. I 4.4), sollen Überschreitungen des Referenzwertes nicht als negativ bewertet werden. Die Angabe von 6 g ist demnach als Untergrenze zu verstehen.

Da das Analyseprogramm den Gehalt von isoliertem Zucker und gesättigten Fettsäuren in absoluten Mengen angibt, mussten die Werte in die Einheiten ihrer Referenzwerte umgerechnet werden. Der Anteil der isolierten Zucker am Gesamtenergiegehalt wurde mit der Formel

$\frac{isolierte\ Zucker\ in\ g * Brennwert\ Kohlenhydrate\ (4,1\ kcal/g)}{Gesamtenergie\ der\ Mahlzeit\ in\ kcal}$ berechnet, der Anteil der ge-

sättigten Fettsäuren am Fettgehalt mit $\frac{gesättigte\ Fettsäuren\ in\ g}{Gesamtfett\ in\ g}$.

Alle ermittelten Daten wurden mithilfe des Datenverarbeitungsprogramms Excel strukturiert und aufbereitet. Für die Gesamtbewertung einzelner Gerichte bzw. des Gesamtangebots der Schulen wurde der Mittelwert aller relativen Abweichungen einer Mahlzeit bzw. des Gesamtangebots bestimmt. Für die Entwicklung der benötigten Formel waren folgende Überlegungen notwendig.

Zunächst soll anhand eines Beispiels gezeigt werden, warum die relative Abweichung benutzt werden muss: Die untersuchte Mahlzeit enthält 30 E% anstatt der empfohlenen 20 E% Eiweiß sowie 20 E% isolierte Zucker, statt, wie empfohlen, max. 10 E%. In beiden Fällen weicht der ermittelte Wert um 10 Pro-

---

[12] Der im Vergleich zu vorigen Empfehlungen relativ hohe Eiweißanteil ist durch den erhöhten Bedarf von Kindern und Jugendlichen im Wachstum zu erklären.

zentpunkte vom Referenzwert ab. Während der Wert des isolierten Zuckers jedoch 100 % über seinem Referenzwert liegt, beträgt die Differenz beim Eiweiß nur 50 %. Um dies zu berücksichtigen und alle Parameter gleich zu gewichten, wurde die absolute Abweichung durch den Referenzwert dividiert (relative Abweichung).

Da die Referenzwerte für isolierte Zucker und Ballaststoffe als Ober- bzw. Untergrenze zu verstehen sind, musste gewährleistet werden, dass ein Unterschreiten der Obergrenze bzw. ein Überschreiten der Untergrenze nicht negativ bewertet wurde. Dazu wurde eine Funktion benutzt, welche die Richtung der Abweichung prüft und nur im negativ zu bewertenden Fall die relative Abweichung berechnet. Der Befehl WENN(A;B;C) prüft, ob die Bedingung A zutrifft. Falls sie zutrifft, wird die Operation B ausgeführt, falls nicht: die Operation C. Zur Bestimmung der Differenz wird die Funktion des Absolutbetrags (ABS) benutzt, damit keine negativen Differenzen auftreten. Insgesamt ergibt sich die Formel

$$\Sigma \ (ABS(546\text{–}E)/546 + ABS(50\text{–}KH)/50 + ABS(30\text{–}F)/30 + ABS(20\text{–}EW)/20 + WENN$$
$$(IZ > 10;(IZ\text{–}10)/10;0) + ABS(33\text{–}GF) + WENN(BS < 6;(6\text{–}BS)/6;0))/7.$$

Über die so ermittelten Werte konnte die Qualität einzelner Mahlzeiten aber auch des Gesamtangebots einer Schule eingeschätzt werden. Somit konnten auf einen Blick die Schulen miteinander verglichen werden. Zusätzlich wurde neben der Abweichung des kompletten Schulangebots die durchschnittliche Abweichung der einzelnen Mahlzeiten berechnet.

In der Analyse konnten nur Gerichte berücksichtigt werden, deren Beschreibung eine gewisse Präzision aufwies. Angebote wie ‚Tagesdessert‘ oder ‚Salatbuffet‘ waren zu unspezifisch, als dass ihre Qualität eingeschätzt werden konnte. Obwohl solche Speisen die Qualität des Schulangebots beeinflussen, mussten sie daher von der Untersuchung ausgeschlossen werden.

2 Ergebnisdarstellung

Im Folgenden werden die durchschnittlichen Ergebnisse aller Schulen bzgl. der einzelnen Fragestellungen dargestellt. Zusätzlich wird jeweils der Maximal-bzw. Minimalwert genannt und den Schulen zugeordnet. Die Darstellung des Bewegungsangebots erfolgt überblicksweise und verzichtet wegen des Fehlens von Referenzwerten teilweise auf die Nennung von durchschnittlichen Dezimalzahlen.

2.1 Bewegung

2.1.1 Sportunterricht und Kooperationen

An jeder der zehn Schulen waren zwei Stunden Sportunterricht pro Woche vorgesehen.

An acht Schulen existierten Kooperationen zu einem Verein oder Verband. An den meisten Schulen übernahmen die Vereinsmitglieder Sport-AGs. An Schule 4 wurden die Lehrkräfte auch bei bestimmten Sportarten im Unterricht von Vereinstrainern unterstützt. Außerdem wurden besondere Sportarten angeboten, die Schüler i. d. R. nicht im Sportunterricht kennenlernen können, z. B. Wakeboarden, Rudern oder Drachenboot fahren (vgl. Tab. 6, S. 146).

2.1.2 AG-Angebot

Im Durchschnitt wurden pro Schule 7,8 Sport-AGs angeboten. An Schule 6 gab es keine AGs. Durchschnittlich entfielen auf eine Sport-AG 133 Schüler. An Schule 4 lag der Quotient mit 32 Schülern pro AG am niedrigsten, am Otto-Hahn-Gymnasium (OHG) Springe mit 375 am höchsten. Während an Schule 3 und an Schule 4 am meisten ELF durch das AG-Angebot abgedeckt wurden (5),[13] waren im AG-Angebot von Schule 9 lediglich Spielsportarten zu finden. Der Durchschnitt lag bei über drei ELF pro Schule (vgl. Tab. 7, S. 147).

---

[13] Die einzelnen Werte werden aus Gründen der besseren Lesbarkeit in Klammern angegeben.

2.1.3 Pausenangebot

An der Hälfte der zehn Schulen stand ein Rasenplatz zur Verfügung, ein Tartanplatz hingegen nur an einer. An jeweils vier Schulen konnte während der Pause eine Pausenhalle bzw. eine Sporthalle genutzt werden. Auf einem Schulhof befand sich außerdem ein Beachvolleyballfeld. Tischtennis-Tische (10) und Basketballkörbe (8) waren an (fast) allen Schulen vorhanden. Klettergerüste (6) und Fußballtore (5) konnten ebenfalls an vielen Schulen genutzt werden. Selten zur Verfügung standen hingegen Schaukeln (3) und Rutschen (1). Die am häufigsten auszuleihenden Geräte waren Bälle (4). Andere Geräte waren nur an jeweils einer oder zwei Schulen vorhanden. Am meisten Leihmaterial war an Schule 4 vorhanden. Hier konnten die Schüler neben Bällen auch Tischtennis- und Badmintonschläger, Waveboards, Einräder, Rollbretter, Frisbees, Diabolos, Springseile, Gummitwists sowie ein Schwungtuch ausleihen. Eine ,Bewegte Pause' wurde an der Hälfte der untersuchten Schulen angeboten (vgl. Tab. 8, S. 148).

2.2 Zwischenverzehr

Zum Zwischenverzehr gehören alle während der Pausen angebotenen Speisen und Getränke, die nicht zum Mittagsangebot zählen, sowie Regeln zum Getränkeverzehr während des Unterrichts. Neben dem Durchschnitt aller Schulen werden außerdem die geringsten und höchsten ermittelten Werte angegeben.

2.2.1 Speisenangebot

Die Produktgruppe ,belegte Backwaren' war die einzige, die an jeder Schule vorhanden war. Die Anteile dieser Kategorie lagen zwischen 16 % an Schule 8 und 44 % an Schule 9. Im Gesamtdurchschnitt ergab sich ein Wert von 35,4 %. Am zweitstärksten vertreten waren Süßigkeiten mit 21,6 %. Während an Schule 8 und an Schule 2 keine Süßigkeiten angeboten wurden, erreicht Schule 4 den höchsten Wert. Hier bestand die Hälfte des Angebots aus Schokoriegeln. Mit durchschnittlich 9,5 % am Angebot vertreten war die Kategorie ,fettreiche Backwaren'. An den meisten Schulen lag der Anteil zwischen 3 und 15 %. Drei Schulen (Schule 4, Schule 5, Schule 6) stellten keine fettreichen Backwaren bereit. An Schule 2 wurden mit einem Anteil von 36 % die meisten Produkte dieser Kategorie angeboten. An fünf Schulen kamen Speisen aus der Kategorie ‚Fast Food & Snacks' im Angebot vor. Den größten Anteil erreichte Schule 8 mit 26 %.

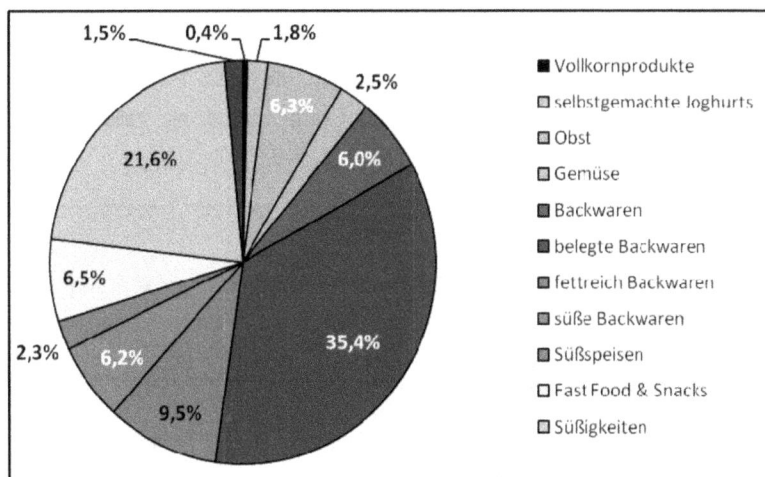

Kreisdiagramm mit folgenden Werten: 1,5%, 0,4%, 1,8%, 2,5%, 6,3%, 6,0%, 21,6%, 6,5%, 2,3%, 6,2%, 9,5%, 35,4%

Legende:
- Vollkornprodukte
- selbstgemachte Joghurts
- Obst
- Gemüse
- Backwaren
- belegte Backwaren
- fettreich Backwaren
- süße Backwaren
- Süßspeisen
- Fast Food & Snacks
- Süßigkeiten

Abbildung 2   Durchschnittliche Verteilung der Produktgruppen ‚Speisen'

Der durchschnittliche Anteil lag bei 6,5 %. Knapp darunter mit 6,3 % lag der durchschnittliche Anteil der Kategorie ‚Obst' die an vier Schulen vorhanden war. Am stärksten war diese Produktgruppe mit 23 % an Schule 6 vertreten. ‚Süße Backwaren' gehörten an sechs der neun untersuchten Schulen zum Sortiment. Am größten war der Anteil an Schule 8 mit 16 %. Der durchschnittliche Anteil süßer Backwaren lag mit 6,2 % fast so hoch wie der Anteil von Obst. Die letzte Produktgruppe dieser Größenordnung waren ‚Backwaren'; ihr durchschnittlicher Anteil betrug 6 %. Die Werte der einzelnen Schulen lagen zwischen 0 und 16 % (Schule 8). An vier Schulen wurden keine Produkte der Kategorie ‚Backwaren' angeboten. Mit 2,5 % lag der durchschnittliche Anteil des Gemüseangebots im unteren Bereich. Die Anteile der zwei einzigen Schulen, die Gemüse anbieten, lagen bei 8 % (Schule 6) und 15 % (Schule 9). Obwohl Schule 8 die einzige Schule war, an der Süßspeisen angeboten wurden – der Anteil betrug hier 21 % – lag der Durchschnitt mit 2,3 % fast so hoch wie bei der Kategorie ‚Gemüse'.

Ebenfalls dicht beieinander lagen die durchschnittlichen Anteile der Produkt-
gruppen ‚selbst gemachte Joghurts' (1,8 %) und ‚Knabberartikel' (1,5 %). Selbst
gemachte Joghurts wurden an drei Schulen angeboten. Unter ihnen wies
Schule 2 mit 9 % den höchsten, Schule 1 mit 3 % den niedrigsten Wert auf.
‚Knabberartikel' wurden nur an Schule 3 sowie an Schule 1 angeboten. Der
Anteil betrug hier jeweils 7 %. Den geringsten Anteil am Gesamtangebot nahm
mit 0,4 % die Kategorie ‚Vollkornprodukte' ein. Mit einem Produkt und einem
Anteil von 3 % war Schule 5 die einzige Schule, an der ein Vollkornprodukt
angeboten wurde (vgl. Abb. 2, S. 97; Tab. 9, S. 149).

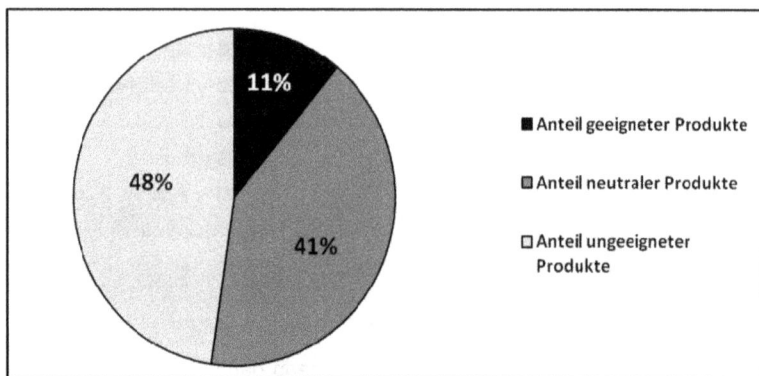

Abbildung 3   Durchschnittliche Anteile geeigneter, neutraler und ungeeigneter Speisen

Aus dieser Verteilung sowie den Bewertungskriterien für die Zwischenverpflegung (vgl. Kap. II 1.4.2) folgt, dass der Anteil geeigneter Produkte mit durchschnittlich 11 % am geringsten ausfiel. Während bei Schule 4 sowie Schule 8
keinerlei geeignete Speisenangebote vorhanden waren, bot Schule 6 mit 31 %
am meisten empfohlene Produkte an.

Neutrale Produkte waren mit einem Anteil von 41 % vertreten. Die Werte der
einzelnen Schulen lagen zwischen 32 (Schule 8; Schule 2) und 57 % (Schule
3). Die Anteile ungeeigneter Produkte lagen zwischen 22 % an der Hauptschule
Mellendorf und 68 % an Schule 8. Insgesamt lag der Anteil ungeeigneter
Produkte bei 48 % (vgl. Abb. 3; Tab. 9, S. 149).

2.2.2 Getränkeangebot

Am stärksten im Getränkeangebot vertreten waren Milchmixgetränke. Die Anteile der einzelnen Schulen lagen zwischen 13 % an Schule 8 und 75 % an Schule 9 und ergaben einen Gesamtdurchschnitt von 36 %. Die zweitgrößte Produktgruppe war die Kategorie ‚Säfte & Saftschorlen‘ mit einem durchschnittlichen Anteil von 27 %. Während an Schule 9 sowie an der Hauptschule Mellendorf keine Produkte dieser Kategorie angeboten wurden, wiesen Schule 8 und Schule 3 mit jeweils 50 % den größten Anteil auf. Der durchschnittliche Anteil von Wasser betrug 16 %. Bis auf Schule 9 konnte an jeder der untersuchten Schulen Wasser erworben werden. Den größten Anteil machte Wasser mit 33 % an Schule 4 aus. Koffeinhaltige Heißgetränke waren bei drei Schulen nicht im Angebot enthalten. In Schule 2 bestanden 36 % des Getränkeangebots aus Kaffee bzw. Schwarztee.

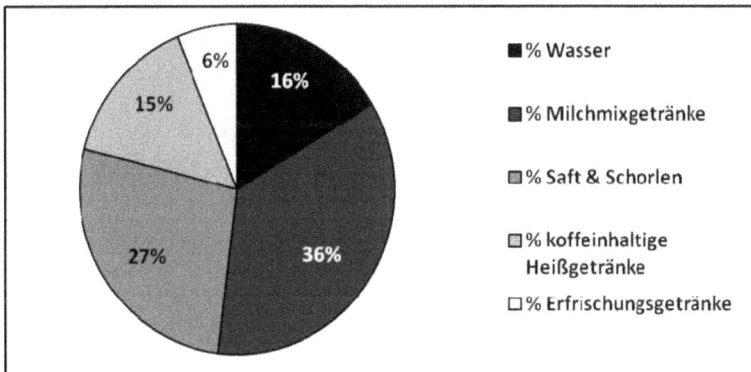

Abbildung 4 Durchschnittliche Verteilung der Produktgruppen ‚Getränke‘

Der durchschnittliche Wert lag bei 15 %. Den geringsten Anteil nahmen Erfrischungsgetränke mit 6 % des Gesamtangebots ein. Diese wurden nur an vier Schulen verkauft, von denen Schule 1 mit 25 % den größten Anteil aufwies (vgl. Abb. 4; Tab. 10, S. 150).

Da Wasser die einzige empfohlene Kategorie ist (vgl. Kap. II 1.4.2), lag der Anteil der geeigneten Getränke am Gesamtangebot bei 16 %. Mit 84 % war der Anteil ungeeigneter Produkte mehr als fünfmal so groß. Da Schule 4 den größten Wasseranteil aufwies, wurden dort mit 67 % relativ betrachtet am wenigsten ungeeignete Produkte angeboten. In gleicher Weise lag der Anteil ungeeigneter Getränke an Schule 9, weil kein Wasser angeboten wurde, bei 100 % (vgl. Abb. 5, S. 100; Tab. 10, S. 150).

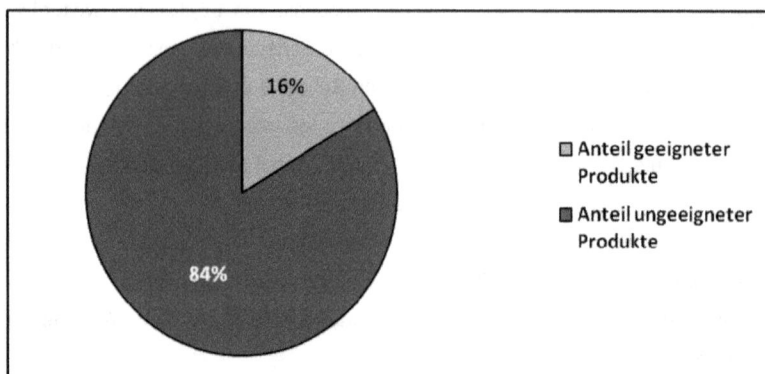

Abbildung 5   Durchschnittliche Anteile geeigneter und ungeeigneter Getränke

2.2.3 Trinkregeln

An den meisten Schulen gab es keine festen Trinkregeln. Ob und was getrunken werden darf, war an sechs der zehn Schulen von der Lehrkraft abhängig.

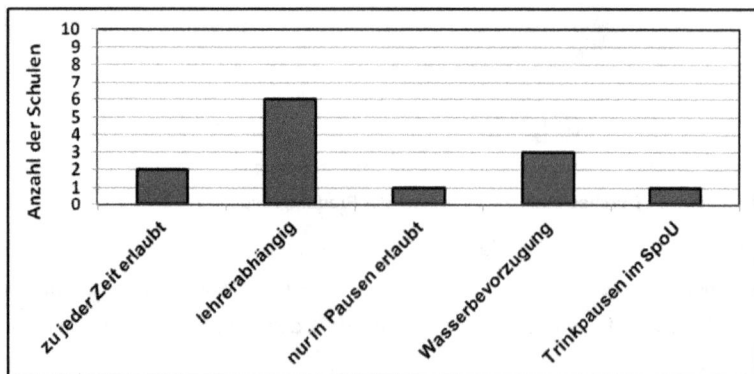

Abbildung 6   Vorkommen von Trinkregeln

Während Trinken an Schule 6 und an Schule 4 durchgehend gestattet war, durfte an Schule 1 lediglich in den Pausen getrunken werden. An drei Schulen war lediglich das Trinken von Wasser während des Unterrichts erlaubt. Schule 4 war die einzige Schule, die angab während des Sportunterrichts feste Trinkpausen einzulegen (vgl. Abb. 6; Tab. 11, S. 151).

2.3 Mensa

Der durchschnittliche Gesamtenergiegehalt einer Mahlzeit lag mit 439 kcal unter dem Referenzwert (vgl. Tab. 12, S. 152).

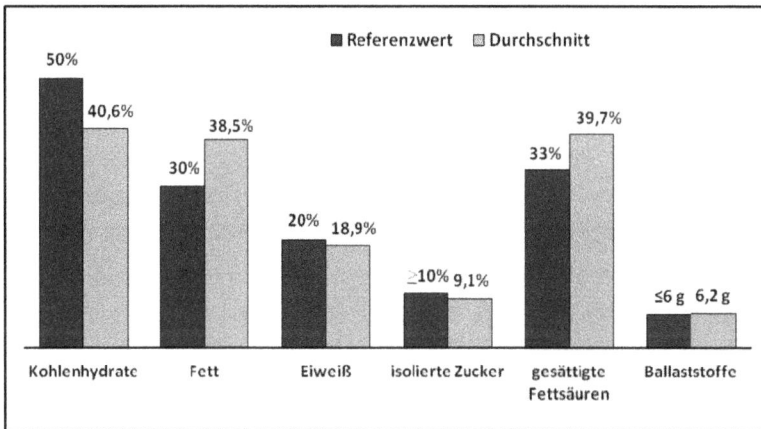

Abbildung 7 Gegenüberstellung der Untersuchungsdurchschnitte und Referenzwerte

Der Kohlenhydratanteil lag im Gesamtdurchschnitt bei 40,6 E%. Während das Mittagessen an Schule 8 mit 33,2 E% am wenigsten Kohlenhydrate aufwies, enthielt das Mittagsangebot von Schule 6 mit 47,1 E% den höchsten Kohlenhydratanteil. Gleichzeitig lag in letztgenannter Schule der Fettanteil mit 32,3 E% am niedrigsten. Mit 42,5 E% erreichte Schule 5 den höchsten Fettanteil. Insgesamt lag der Fettanteil bei 38,5 E%. Der Eiweißanteil lag zwischen 14,9 E% an Schule 3 und 24,1 E% an Schule 8. Der Gesamtdurchschnitt lag bei 20 E%. Isolierte Zucker waren mit einem Anteil von 9,1 E% am Gesamtangebot vertreten. Die Werte der einzelnen Schulen lagen zwischen 4,1 E% an Schule 8 und 13,2 E% an Schule 3. Dort lag auch der Anteil der gesättigten Fettsäuren mit 47,1 % am Gesamtfettgehalt am höchsten. Während der Gesamtdurchschnitt

39,7 % betrug, wies das Mittagsangebot von Schule 6 mit 33,9 % den geringsten Anteil an gesättigten Fettsäuren auf. Beim Gehalt an Ballaststoffen wurden
durchschnittlich 6,2 g ermittelt. Das Essen an Schule 1 enthielt mit durchschnittlich 4,3 g am wenigsten Ballaststoffe, die Angebote von Schule 6 mit 7,7 g am
meisten (vgl. Abb. 7; Tab. 12 – 19, S. 152 – 159).

Im Durchschnitt wichen die ermittelten Werte um 15 % von den Empfehlungen
ab. Die Abweichungen der einzelnen Schulen lagen zwischen 6,6 % an Schule
6 und 23,1 % an Schule 4. Die höchsten Abweichungen wiesen süße Gerichte
wie ‚Milchreis mit Zimt und Zucker' (72,4 %) oder ‚Germknödel mit Vanillesoße'
(56,6 – 60,6 %) auf. Aber auch viele Salate wichen stark von den Referenzwerten ab, z. B. der ‚Vitaminteller' (72,2 %) oder der ‚Salat Balkan' (59,3 %). Am
dichtesten liegen Nudelgerichte mit Tomaten- und/oder Gemüsesoßen an den
Empfehlungen. Die geringste Abweichung wurde beim Gericht ‚Nudeln mit
Salami-Tomatensoße' (Schule 2) ermittelt werden. Des Weiteren war festzustellen, dass bei allen Schulen die Differenz zwischen Gesamtangebot und Referenzwerten geringer ausfiel als der Durchschnitt der Abweichungen einzelner
Gerichte (vgl. Tab. 12 – 19, S. 152 – 159).

3 Diskussion

Im Folgenden werden sowohl die Ergebnisse als auch die angewendeten Methoden der Studie kritisch betrachtet. Zudem sollen hinsichtlich nachfolgender Studien, Veränderungen bzgl. der verwendeten Methoden vorgeschlagen werden. Für die gesamte Untersuchung gilt, dass die Ergebnisse wegen des geringen Umfanges der Stichprobe nur Vermutungen bzgl. der Gesamtsituation zulassen. Alle folgenden Überlegungen, die nicht als Vermutung gekennzeichnet werden, beziehen sich ausschließlich auf die untersuchten Schulen.

3.1 Diskussion Bewegung

Aus Mangel an Bewertungskriterien können Qualität und Quantität des Bewegungsangebotes lediglich durch den Vergleich einzelner Schulen eingeschätzt werden. Vor der Bewertung des Angebots werden zunächst die gewählten Untersuchungsmethoden hinterfragt und diesbezüglich Alternativen diskutiert.

3.1.1 Sportunterricht und Kooperationen

Der Sportunterricht wurde lediglich auf die Anzahl der geplanten Stunden untersucht. Hierbei wurde angenommen, dass die Existenz von zusätzlichen geplanten Stunden einen höheren Bewegungsumfang der Schüler verursacht, was positiv zu bewerten wäre. Abgesehen davon, dass an keiner der untersuchten Schulen eine Abweichung von den gesetzlichen Vorgaben festgestellt werden konnte, ist zweifelhaft, ob eine solche tatsächlich die erläuterte Folge hätte, denn der Bewegungsumfang hängt nur zu einem Teil von der geplanten Stundenzahl ab. Neben methodischen Aspekten ist außerdem relevant, wie viele Stunden tatsächlich unterrichtet werden. Diesbezüglich ist anzumerken, dass laut SPRINT-Studie der Unterricht im Fach Sport besonders häufig ausfällt (vgl. Brettschneider & Becker, 2006, S. 99f.). Für genauere Aussagen zum Bewegungsumfang während des Sportunterrichts werden demnach andere Erhebungsmethoden benötigt. Aus den in dieser Studie vorhandenen Ergebnissen kann daher lediglich geschlossen werden, dass keine der untersuchten Schulen durch die Planung zusätzlicher Sportstunden den Bewegungsumfang der Schüler positiv beeinflusst. Derartige Maßnahmen wären wegen der positiven Wirkung von Sport auf unsere Gesundheit und Fitness nicht nur im Bezug auf eine Gewichtsreduktion wünschenswert (vgl. Pedersen & Saldin, 2006). Neben der Anzahl wurde in Bezug auf Kooperationen untersucht, welcher Nutzen sich aus der Zusammenarbeit mit Vereinen ergibt. Einige positive Wirkungen können nur vermutet werden. Die Grundannahme dieser Vermutungen ist, dass Vereinskooperationen die Durchlässigkeit zum Breitensport erhöhen. Aus den Erläuterungen zur Ätiologie von Adipositas ist bekannt, dass übergewichtige Schüler selten Sport im Verein treiben. Neben fehlenden finanziellen Ressourcen kann dieses Verhalten auch durch einen Mangel an Selbstbewusstsein erklärt werden (vgl. Kap. I 3.4.1; I 3.4.2). Kooperationsangebote an Schulen ermöglichen Schülern, verschiedene Sportarten kostenlos bzw. vergünstigt auszuprobieren. Ebenso ist denkbar, dass sie von Trainern, die sie durch die Kooperation kennenlernen, dazu ermutigt werden, eine Sportart im Verein zu vertiefen. Durch die gewählte Erhebungsmethode können diese Wirkungen jedoch nicht nachgewiesen werden. Um zu belegen, dass Kooperationen mit der Nutzung von Vereinsangeboten zusammenhängen, müsste man diese beiden Aspekte durch eine quantitative Schülerbefragung erheben. Noch präziser könnte man die Wirkung von Kooperationen durch qualitative Interviews mit Schülern untersuchen.

Gezeigt werden konnte hingegen, dass Kooperationen zur Verbesserung der Bewegungsmöglichkeiten beitragen. Die Angebote der Schulen sind räumlichen, personellen und materiellen Grenzen unterworfen. Durch die Nutzung von Vereinsmaterialien, ausgebildeten Trainern oder Vereinssportanlagen wird die Vielfalt sowie die Quantität des schulischen Angebotes gesteigert. Viele AGs, ‚Bewegte Pausen' oder Unterrichtseinheiten könnten ohne die Zusammenarbeit mit Vereinen nicht angeboten werden. Insgesamt kann daher gesagt werden, dass sich Kooperationen nicht nur positiv auf den Bewegungsumfang auswirken, sondern auch das Kennenlernen verschiedener Sportarten fördert. Letzteres kann den Schülern dabei helfen, eine Sportart zu entdecken, die sie im Verein vertiefen, was wegen der langfristigen Wirkung insbesondere im Bezug auf Adipositas wünschenswert wäre (vgl. Kap. I 6.3). Da die Untersuchung außerdem zeigen konnte, dass bereits die meisten Schulen ihr Angebot durch Kooperationen erweitern bzw. überhaupt ermöglichen, kann lediglich geraten werden, die Zusammenarbeit weiter auszubauen.

3.1.2 AG-Angebot

Das Sport-AG-Angebot wurde ebenfalls auf die Aspekte Vielfalt und Quantität untersucht. Während bei der Beurteilung der Angebotsvielfalt durch die Einteilung der AGs in ELF keine Schwierigkeiten entstanden, musste bei der Quantitätsprüfung festgestellt werden, dass die gewählte Methode Mängel aufweist. Erhoben wurde das Verhältnis von Schülerzahl und Anzahl der angebotenen Sport-AGs, um daraus abzuleiten, wie viele Schüler aus Mangel an freien Plätzen keine Sport-AG belegen konnten. Je höher ein Quotient ausfällt, desto größer wäre die Zahl der Schüler, die keine Sport-AG belegen konnten, und desto schlechter sollte die Angebotsquantität bewertet werden. Diese Vorgehensweise setzt jedoch die Annahme voraus, dass alle Schüler, die keinen Platz bekommen, einen haben wollen. Eine solche Annahme ist jedoch rein spekulativ. Außerdem ist zu vermuten, dass die Verantwortlichen das AG-Angebot anhand von Erfahrungswerten an die Interessen ihrer Schüler anpassen. Um tatsächlich vorhandene Quantitätsdefizite aufzudecken, müsste daher geprüft werden, wie viele Schüler trotz ihres Wunsches keinen Platz in einer Sport-AG erhalten. Bei einer derartigen Untersuchung müssten die Daten durch die Auswertung von Wahl- und Belegungslisten oder durch gezielte Schülerbefragungen erhoben werden. Mit der zur Verfügung stehenden Methode können lediglich durch den Vergleich verschiedener Schulen Rückschlüsse gezogen werden. Betrachtet man die Quotienten der einzelnen Schulen, so fällt auf, dass die Streuung bei Werten von 32 bis 375 Schülern pro Sport-AG relativ groß ausfällt. Daher ist zu vermuten, dass die Quantität von Sport-AGs an Schulen mit hohen Werten, wie Schule 2, Schule 8 und Schule 9, verbesserungswürdig ist.

Aus der Verteilung der ELF innerhalb der angebotenen Sport-AGs lassen sich vergleichsweise präzise Aussagen ableiten. Während Spielsportarten den Großteil der Sport-AGs ausmachten, wurden AGs aus den ELF ‚Gymnastik & Tanz' sowie ‚Bewegen auf rollenden & gleitenden Geräten' zumindest an der

Hälfte der Schulen angeboten. Sehr selten hingegen gab es Angebote in Individualsportarten, wie Leichtathletik, Schwimmen, Turnen oder Fitness. Letztere sind jedoch wegen der geringen Gelenkbelastung und/oder des hohen Arbeitsumsatzes für eine Gewichtsabnahme und die Reduktion der Risiken von Folgeerkrankungen (vgl. Pedersen & Saldin, 2006) von besonderer Bedeutung. Krafttraining hingegen steigert durch die Erhöhung der Muskelmasse den Grundumsatz und leistet somit langfristig einen Beitrag zur Vermeidung von Energieüberschüssen. Da bei Adipösen oft auch motorische Defizite auftreten, sind entsprechende Gegenmaßnahmen wünschenswert. Für einen kindgerechten und spielerischen Abbau solcher Defizite eignen sich vor allem turnerische Elemente (vgl. Kap. I 6.3). Ein Angebot aus dem zugehörigen ELF ist jedoch an keiner der untersuchten Schulen vorhanden.

Da im Durchschnitt lediglich etwas über drei ELF und an keiner Schule mehr als fünf abgedeckt wurden, kann das Sport-AG-Angebot als einseitig bezeichnet werden. Daher wird empfohlen, die Vielfalt des Angebots zu verbessern.

3.1.3 Pausenangebot

Zur Untersuchung der Bewegungsmöglichkeiten während der Pause wurden die zur Verfügung stehenden Materialien und Flächen ermittelt. Auch hierbei war geplant, die Gesamtsituation durch den Vergleich einzelner Schulen einzuschätzen. Es musste jedoch festgestellt werden, dass die Schulen durch die angewendete Methode nur unzureichend miteinander vergleichbar sind, da der Zusammenhang von Angebotsquantität und Schülerzahl in der Untersuchung nicht berücksichtigt wurde. Neben dem Einbezug der Schülerzahl wäre auch die Berechnung der Größen aller Flächen notwendig gewesen, um die Schulen anhand der so gewonnenen Quotienten vergleichen zu können.

Da diese Daten nicht erhoben wurden, können die Bewegungsmöglichkeiten während der Pausen lediglich anhand der Vielfalt des Angebots bewertet werden.

Mit der gewählten Methode konnte diesbezüglich nur festgestellt werden, dass an den meisten Schulen mehrere Flächen und festinstallierte Geräte vorhanden waren. Beim Leihmaterial hingegen ist zu erkennen, dass zwischen den Schulen erhebliche Unterschiede bestehen. Während an sechs Schulen keinerlei

Material ausgeliehen werden kann, verfügt Schule 4 über ein besonders viel-fältiges Angebot. Zahlreiche Roll- und Wurfgeräte, Schläger, Springseile und Bälle laden zum Sporttreiben und Bewegen während der Pause ein. Auch spezielle, angeleitete Angebote haben besonderen Nutzen. Nicht nur als Alternative bei schlechtem Wetter ist es sinnvoll, Sporthallen zu öffnen und Be-wegungsparcours sowie Turngeräte aufzubauen. Derartige Angebote unterstüt-zen genau wie Klettergerüste und Balancebalken auf dem Schulhof die motori-sche Entwicklung der Schüler. Da diese Entwicklung bei übergewichtigen Kindern oft eingeschränkt ist, sind im Bezug auf die Prävention und Therapie von Adipositas vor allem angeleitete Angebote in Form einer bewegten Pause relevant. Trotz des vielfältigen Nutzens wird eine bewegte Pause nur an der Hälfte der untersuchten Schulen angeboten. Aufgrund dieser vergleichsweise geringen Verbreitung sowie des Mangels an Leihmaterial an den meisten Schulen sollte eine Erweiterung des Pausenangebots angestrebt werden.

3.2 Diskussion Zwischenverzehr

Auch bei der Analyse des Zwischenverzehrs wurde die Nachfrage willentlich ausgeschlossen und lediglich das schulische Angebot untersucht. Im Gegen-satz zum Bewegungsangebot existieren für den Zwischenverzehr an Schulen jedoch Empfehlungen, anhand derer die Qualität des Angebots bewertet werden kann. Zur Vorbereitung dieser Bewertung wurde innerhalb der Be-schreibung der Auswertungsmethode eine Einteilung des Angebots in unter-schiedlich geeignete Produktgruppen vorgenommen. Im Folgenden werden die Methoden und Ergebnisse der einzelnen Aspekte des Zwischenverzehrs getrennt diskutiert.

3.2.1 Speisenangebot

Bei der Einteilung der Produktkategorien entstanden aufgrund der Vielfalt des Angebotes zunächst Schwierigkeiten. Die Unterscheidung zwischen geeigneten und ungeeigneten Produkten anhand der Empfehlungen der DGE zum Zwi-schenverzehr gelang hingegen problemlos. Auch die Einführung von neutral zu bewertenden Kategorien konnte durch die Unterschiede der Nährstoffzusammensetzungen begründet werden.

Die Ergebnisse der Untersuchung zeigen, dass der Anteil der ungeeigneten Produkte mehr als viermal so groß ist wie der Anteil geeigneter. Trotz der Relativierung der Empfehlungen durch die Einführung neutraler Kategorien, die mit durchschnittlich 41 % einen Großteil des Gesamtangebots ausmachen, ist ein starkes Ungleichgewicht von empfohlenen und ungesunden Lebensmitteln erkennbar. Doch selbst eine Gleichverteilung geeigneter und ungeeigneter Produkte, wie sie in etwa an Schule 6 vorliegt, widerspricht den Empfehlungen. Die Wirkung eines hohen Anteils ungesunder Speisen ist gleich in zweifacher Hinsicht negativ. Zum einen schränkt der Kauf ungesunder Produkte den Verzehr von gesunden Lebensmitteln ein, wodurch vergleichsweise weniger Nährstoffe und mehr Energie aufgenommen wird. Zum anderen fördert das vorhandene Angebot das Snacking-Verhalten. Dadurch wird dem Körper zusätzlich zu anderen Mahlzeiten und oft unbewusst Energie zugeführt (vgl. Kap. I 3.4.3). Durch diese Zusammenhänge kann dem Speisenangebot in der Pause eine Bedeutung für die Zunahme von Körperfett und somit auch für die Entstehung von Adipositas zugesprochen werden. Da die Untersuchung zeigen konnte, dass der Großteil des Speisenangebots aus ungesunden Produkten besteht, wird ein Umdenken der Schulen sowie eine Veränderung des Angebots notwendig.

3.2.2 Getränkeangebot

Bei der Einteilung der Getränkekategorien traten keine Schwierigkeiten auf, wohl aber bei der Unterscheidung zwischen geeigneten und ungeeigneten Produkten. Letztendlich konnten Saftschorlen, die zunächst empfehlenswert wirkten, wegen industrieller Produktion und des damit verbundenen hohen Energiegehalts als ungeeignet eingestuft werden.

Aus Gründen der Geschmacksvielfalt konnte bereits vor der Untersuchung geahnt werden, dass bestimmte Produktgruppen stärker vertreten sind als andere. So werden bei Säften oder Milchmixgetränken fast immer verschiedene Geschmacksrichtungen angeboten. Der Anteil des Produkts Wasser wird dadurch automatisch geringer. Ziel der Analyse war jedoch die Untersuchung genau dieser Produktgruppenverteilung, da die Wahrscheinlichkeit für den Kauf von Wasser mit zunehmender Angebotsvielfalt sinkt.

Die Ergebnisse der Untersuchung zeigen, dass die Verteilung innerhalb des Getränkeangebots noch deutlicher zugunsten der ungeeigneten Produkte ausfällt als bei den Speisen. 84 % der angebotenen Getränke sind als Durstlöscher ungeeignet, da sie zu viel Zucker und/oder Fett enthalten. Daher kann gesagt werden, dass derartige Angebote nach dem gleichen Wirkprinzip wie die Speisen eine erhöhte Energiezufuhr begünstigen. Wegen des deutlich schlechten Verhältnisses von gesunden Durstlöschern und ungesunden Getränken muss eine entsprechende Veränderung des Angebots gefordert werden.

3.2.3 Trinkregeln

Das Vorkommen von Trinkregeln wurde zusammen mit dem Bewegungsangebot durch den Fragebogen erhoben. Wegen der offen formulierten Fragestellung war es schwierig, die Antworten der Schulen zu vorhandenen Trinkregeln zu kategorisieren. Für nachfolgende Erhebungen kann daher empfohlen werden, mögliche Regeln vorzuformulieren und als Multiple-Choice-Antworten anzubieten. Weiterhin war auffällig, dass die Trinkregeln an den meisten Schulen von der Lehrkraft abhängig sind. Um hierbei Rückschlüsse auf die Flüssigkeitszufuhr und eine Bewertung zu ermöglichen, wären Personenbefragungen notwendig gewesen.

Trotz Schwierigkeiten konnten die Antworten der Schulen grob in fünf Antworten unterschieden und im Hinblick auf die Bedeutung der Flüssigkeitszufuhr (vgl. Kap. I 4.5) interpretiert werden. Da Flüssigkeitsdefizite sich bereits bei geringem Ausmaß negativ auf unsere Leistungsfähigkeit auswirken (vgl. Kap. I 4.5), dienen generelle Trinkverbote während der Stunden nicht, wie erhofft, einem störungsarmen Unterricht. Wegen der Beeinträchtigung der Konzentrationsfähigkeit können sie sogar das Gegenteil bewirken. Auch die Empfehlungen der DGE besagen: „[...] Schülerinnen und Schüler [sollten] jederzeit die Möglichkeit haben zu trinken" (Bölts et al., 2011, S. 12). Ein solches, negativ zu bewertendes Verbot existiert nur an Schule 1. Hieraus folgt jedoch nicht, dass das Trinken während des Unterrichts an den anderen Schulen durchgehend gestattet ist. Dies ist nur an zwei Schulen der Fall.

Ebenfalls positiv zu bewerten sind schulinterne Regeln, die den Konsum von Wasser fördern. Solche Maßnahmen dienen der Reduktion der Energiezufuhr und sind daher vor allem im Bezug auf Adipositas gutzuheißen. Die Untersuchung konnte jedoch zeigen, dass derartige Regeln lediglich an drei der untersuchten Schulen vorhanden sind.

Von besonderer Bedeutung sind Trinkregeln während des Sportunterrichts. Zum einen ist der Flüssigkeitsbedarf bei Bewegung wegen der verstärkten Wärmeregulation erhöht (vgl. Kap. I 4.5), zum anderen weist das Fach Sport Besonderheiten bzgl. Verletzungsgefahr und Unterrichtsstruktur auf. Beides führt dazu, dass ein Trinkverhalten, wie es im Klassenraum üblich ist, den Unterrichtsverlauf massiv stören würde. Daher bietet es sich für die Flüssigkeitsversorgung während des Sportunterrichts an, feste Trinkpausen einzuplanen. Eine diesbezügliche Vorgabe seitens der Schule ist jedoch nur an Schule 4 vorhanden.

Insgesamt kann gesagt werden, dass nur wenige Schulen durch Regeln das Trinkverhalten der Schüler beeinflussen. Daher sollte den Verantwortlichen die Bedeutung der Flüssigkeitszufuhr sowie die Gefahr von energiehaltigen Getränken klargemacht und zu einer günstigeren Regelung im Umgang mit Getränken angeregt werden.

3.3 Diskussion Mensa

Die Untersuchung des Mittagsangebots erfolgte durch die Analyse der Nahrungszusammensetzung mithilfe eines Computerprogramms. Dieses Programm, das für die Analyse von Ernährungsprotokollen gedacht ist, ermöglicht die Eingabe einzelner Zutaten sowie die Auswahl einiger Gerichte. Die meisten Gerichte, die in den Speiseplänen der Schulen vorkamen, waren in der Datenbank des Programms jedoch nicht vorhanden. Deswegen mussten die Angebote der Schulen aus den vorhandenen Gerichten sowie einzelnen Zutaten zusammengestellt werden. Da den Speiseplänen keine Informationen über Zutaten oder Zubereitungsverfahren entnommen werden konnten, wurden die Durchschnittsmengen und Standardrezepte des Programms genutzt. In der Erhebungsmethode blieben dementsprechend unterschiedliche Rezepte und

Zubereitungstechniken unberücksichtigt, was die Genauigkeit der Analyse reduziert.

Auch beim Ausschluss von Angeboten mit unpräzisen Angaben liegt die Vermutung nahe, dass die Ergebnisse hierdurch beeinflusst werden. An einigen Schulen, z. B. Schule 9, konnten Angebote nicht in die Analyse einbezogen werden, da Formulierungen, wie z. B. ‚Tagesdessert', für die Auswahl spezieller Produkte aus der Datenbank zu allgemein sind.

Für die Berücksichtigung solcher Angebote wäre eine genauere Kenntnis der Produkte und somit eine Erhebung vor Ort notwendig. Im Bezug auf die einbezogenen Salatangebote kann jedoch gesagt werden, dass ihr hoher Fettenergieanteil zum negativen Gesamtergebnis beiträgt.[14] Da die Nährwerte aller untersuchten Salatangebote ähnlich ausfallen, ist zu vermuten, dass auch die ausgeschlossenen Salatangebote zu einer Verschlechterung des Gesamtangebots führen würden. Demnach würde ein Ausschluss die Qualität des Gesamtangebots sogar verbessern. Im Bezug auf die Ergebnisse kann daher davon ausgegangen werden, dass die Abweichungen bei der Berücksichtigung unpräziser Salatangebote höher ausfallen würden. Für die Untersuchung folgt daraus, dass der Ausschluss unpräziser Salatangebote zwar die Qualität des Angebots beeinflusst und daher die Vergleichbarkeit der Schulen verringert, der Einfluss jedoch nicht der Grund für die festgestellten Mängel sein kann.

Bzgl. der Dessertangebote kann ohne weitere Informationen keine Aussage über den Einfluss auf die Qualität des Gesamtangebots gemacht werden, da diese sich bzgl. Fett- und Kohlenhydratgehalt stark unterscheiden.

Der Ausschluss der unspezifischen Produkte führt jedoch zu einer geringeren Gesamtenergie des Angebots, was de festgestellten Wert von 439 kcal erklären würde.

Ein Aspekt, der ebenfalls dazu beiträgt, dass die Ergebnisse zu gut bewertet werden, ist der Referenzwert für die Fettzufuhr. In Anbetracht der Empfehlung, die Fettzufuhr auf das Nötigste (min 20 E%) zu reduzieren (vgl. Kap. I 4.1), ist der in den Qualitätsstandards für die Schulverpflegung genannte Wert von 30 E% als vergleichsweise hoch zu bezeichnen. Die Bewertung der Ergebnisse

---

[14] Der hohe Fettenergieanteil von Salaten entsteht, weil Gemüse kaum Kohlenhydrate, die Dressings jedoch Fett enthalten. Wegen des geringen Energiegehalts ist der Einfluss von Salaten auf die Energiebilanz gering.

erfolgt jedoch lediglich anhand der Referenzwerte der DGE. Dadurch werden Angebote, deren Fettanteil unter 30 E% liegt, schlecht bewertet, obwohl eine solche Abweichung insbesondere im Bezug auf Adipositas positiv zu bewerten wäre. Eine Berücksichtigung der Reduktionsempfehlung würde demnach zur Vergrößerung der Abweichungen bei erhöhten Fettanteilen und somit zu einer schlechteren Bewertung führen. Zur Vermeidung schlechter Bewertungen wegen geringer Fettanteile könnte man in folgenden Untersuchungen beide Empfehlungen durch das Festlegen eines Intervalls berücksichtigen. Negativ wäre ein Fettanteil dann nur zu beurteilen, wenn er z. B. über 30 E% oder unter 25 E% läge. Gleichzeitig müsste der Referenzwert für Kohlenhydrate entsprechend angepasst werden.

Betrachtet man die Ergebnisse der einzelnen Schulen, ist erkennbar, dass die Qualität der Angebote sehr unterschiedlich ist. Die mittlere Abweichung von Schule 6 von 6,6 % ist im Vergleich zur 23,1-prozentigen Abweichung Schule 4 gering. Weiterhin ist auffällig, dass die einzelnen Gerichte von Schule 6 trotz der besten Gesamtbewertung nicht die geringsten Abweichungen innerhalb der Analyse aufweisen. Auch bei den anderen Schulen ist festzustellen, dass die Abweichungen der Gesamtangebote geringer ausfallen, als die Mittelwerte der Abweichungen einzelner Gerichte. Daraus kann geschlossen werden, dass ungünstige Nährstoffzusammensetzungen einzelner Gerichte sich im Gesamtangebot ausgleichen.

Trotz dieses Ausgleichs ist festzustellen, dass das Mittagsangebot der untersuchten Schulen einen zu geringen Kohlenhydratanteil sowie einen zu hohen Fettanteil aufweist. Während die Anteile von Eiweiß, isoliertem Zucker und Ballaststoffen den Empfehlungen der DGE entsprechen, liegt auch der durchschnittliche Anteil der gesättigten Fettsäuren (mehr als 20 %) über dem Referenzwert. Daher sollte der Anteil gesättigter Fettsäuren gesenkt und das Energieverhältnis von Kohlenhydraten und Fett entsprechend den Empfehlungen optimiert werden. Bei entsprechenden Verbesserungsmaßnahmen wäre außerdem darauf zu achten, dass der Anteil von isoliertem Zucker nicht erhöht und der Ballaststoffanteil nicht reduziert wird. Da sich die Abweichungen einzelner Gerichte im Gesamtangebot teilweise ausgleichen, kann bei einseitigen Essgewohnheiten bereits eine breitere Nutzung des Angebots eine Verbesserung der Ernährungssituation bewirken.

4 Verbesserungsvorschläge

Bewegung und Ernährung sind nicht nur die Grundlage unserer physischen Leistungsfähigkeit. Eine ausgeglichene Versorgung mit Nährstoffen sowie ein ausreichendes Maß an Bewegung sind für die Entwicklung kognitiver Strukturen unverzichtbar. Bezogen auf den Schulalltag von Kindern ist vor allem eine ausreichende Flüssigkeitszufuhr sowie ein gesundes Frühstück wichtig. Da frühere Bewegungs- und Erfahrungsräume weitestgehend verschwunden sind, haben auch schulische Bewegungsangebote an Bedeutung gewonnen. Wie die Untersuchung der Ernährungs- und Bewegungssituation jedoch zeigen konnte, weisen die Angebote der Schulen erhebliche Defizite auf. Eine Verbesserung der Angebote ist nicht zuletzt auch im Bezug auf Übergewicht und Adipositas erstrebenswert.

4.1 Verbesserungsansätze Bewegung

Die Untersuchung des Bewegungsangebots machte deutlich, dass die Vielfalt von AG-Angebot und Bewegungsmöglichkeiten während der Pause verbesserungswürdig ist. Außerdem wurde in Teil I dieser Studie (vgl. Kap. I 3.3) beschrieben, dass der natürliche Bewegungsraum der Kinder verloren gegangen ist und nur eine Umstrukturierung und Öffnung der Schulhöfe diesen Verlust kompensieren kann. Im Folgenden werden daher Möglichkeiten vorgestellt, wie die Vielfalt von AG- und Pausenangeboten verbessert und wie Schulhöfe umgestaltet werden können. Wie bei jeder Veränderung sind auch bei der Verbesserung der Bewegungssituation an Schulen Hürden zu überwinden. Da für viele Schulen die Kosten für Umbau, Material und Personal nicht zu tragen sind, sollen vor allem kostengünstige Möglichkeiten und auch Finanzierungsideen vorgestellt werden.

4.1.1 Verbesserungsansätze AG-Angebot

Die Untersuchung hat verdeutlicht, dass das AG-Angebot an vielen Schulen einseitig ist. Gleichzeitig konnte die Untersuchung jedoch auch zeigen, dass die Vielfalt durch Kooperationen erhöht werden kann. Das Angebot der Schule ist durch räumliche, materielle und personelle Ressourcen stark begrenzt. Da meistens alle AGs zur gleichen Zeit stattfinden, mangelt es insbesondere an freien Hallen. Dadurch ist eine Erweiterung des Angebots ohne fremde Hilfe in den seltensten Fällen möglich. Durch Kooperationen können die Ressourcen schulfremder Einrichtungen, wie Vereine oder Verbände, genutzt werden. Dadurch wird es nicht nur möglich, mehr Schülern eine Sport-AG anzubieten. Durch Kooperationen können Sportarten angeboten werden, die innerhalb der Schule nicht möglich sind, z. B. Wasserski, Wakeboarden und Rudern. Doch auch bei Sportarten, die innerhalb der schulischen Rahmenbedingungen möglich sind, kann es vorkommen, dass Lehrer zu unflexibel sind, um seltenere Inhalte anzubieten. Auch wenn das Angebot an die Nachfrage angepasst wird, werden oft nur nicht gewählte AGs gestrichen und die Anzahl der überfüllten erhöht. Daher sollte man gezielt Schüler nach ihren Wünschen fragen. Wenn dann für oft gewünschte Sportarten keine Räume und Materialien zur Verfügung stehen, oder keine Lehrkraft sich zutraut, eine solche AG anzubieten, sollten sich die Verantwortlichen nach Vereinen umschauen, die über derartige Angebote verfügen.

Eine andere Möglichkeit, zumindest die räumlichen Einschränkungen zu überwinden, besteht im Anbieten von Outdoor-Sportarten. Während das Angebot im Winter sich hauptsächlich auf Ski-AGs beschränkt, sind die Möglichkeiten im Sommerhalbjahr weitaus zahlreicher, denn fast alle Sportarten können bei gutem Wetter draußen angeboten werden. Bei einigen Sportarten sind die räumlichen Freiheiten sogar Voraussetzung. Fahrradtouren und Orientierungsläufe sind in der Sporthalle nicht möglich und die Erfahrungen anderer Sportarten, wie Parcour, Fußball oder Streetball, sind außerhalb von Hallen natürlicher und reizvoller. Ein weiterer Vorteil vieler ‚Straßensportarten' ist, dass wenig oder gar kein Material benötigt wird. Bei der Trendsportart Parcour bspw. werden vorhandene Mauern, Wände, Zäune etc. als zu überquerende Hindernisse genutzt. Durch derartige, freie Bewegungsmöglichkeiten wird zusätzlich die Entwicklung von Kreativität gefördert.

4.1.2 Verbesserungsansätze Pausenangebot

Für eine Verbesserung des Pausenangebots spricht nicht nur die festgestellte geringe Vielfalt der Leihgeräte, sondern auch der Verlust des natürlichen Bewegungsraumes von Kindern. Dementsprechend gehen die Maßnahmen auch über die bloße Anschaffung von Bällen oder Springseilen hinaus. Um den negativen Entwicklungen der Bewegungssituation (vgl. I3.3) entgegenzuwirken, müssen attraktive Bewegungsräume auf dem Schulgelände geschaffen werden, die den kindlichen Bewegungsbedürfnissen gerecht werden. Bei der Gestaltung kindgerechter Schulhöfe gilt es, einige Grundsätze zu beachten. Wichtig ist z. B., dass die Spiel- und Bewegungsformen durch die Angebote nicht zu stark vorgegeben werden. Für die Entwicklung von Selbstständigkeit und anderer kognitiver Strukturen ist es notwendig, dass Kinder die Möglichkeit haben, Dinge selbst zu entdecken, auszuprobieren und Situationen nach ihren Wünschen zu gestalten. Eine offen gestaltete Bewegungslandschaft aus Baumstämmen bietet z. B. die Möglichkeit, zu klettern, zu balancieren, zu springen und eigene Grenzen auszutesten. Ein solches Angebot orientiert neben den bereits genannten Forderungen auch am Prinzip der Naturnähe und ist zudem kostengünstig. Eine andere Möglichkeit Kosten zu sparen besteht darin, Bewegungslandschaften aus ausrangiertem Material zu konstruieren. Autoreifen und Metallteile können von kundiger Hand zu einem koordinativ ansprechenden Bewegungsparcour verarbeitet werden. Für weitere Ideen und Informationen zur Umsetzung sei auf eine Arbeit von Hahn & Wetterich (1996) verwiesen, aus der auch die erläuterten Prinzipien und Ansätze entnommen wurden.

Im Bezug auf die Verbesserung der Ausleihmöglichkeiten stellt sich vor allem die Frage, wie man kostengünstig Geräte beschaffen kann. Eine Möglichkeit besteht darin, einfache Geräte in Werk-AGs von den Schülern herstellen zu lassen. Aus Holz gebaute Stelzen, Pedalos, Therapiekreisel oder Balanceboards[15] sind nur einige Ideen. Positiv an selbst hergestellten Geräten ist neben den geringen Kosten auch eine hohe Lebensdauer. Diese folgt nicht nur aus der hohen Qualität und einer robusten Bauweise, sondern auch aus der pflegli-

---

[15] Balanceboards bestehen aus einem Brett und einer/m frei beweglichen Rolle/Ball. Sie simulieren das Stehen auf einem Surfbrett und werden zum Balancetraining eingesetzt.

chen Behandlung von Material, das man schätzt, weil man weiß, welche Arbeit dahinter steckt.

Bei der Anschaffung oder dem Bau von Geräten sollten Schülerwünsche beachtet werden. Diese können innerhalb der Klassen oder durch eine Wunschbox, in die Schüler Zettel mit Ideen werfen können, erhoben werden. Ebenfalls wichtig für die Nutzung des Angebots ist ein funktionierendes Verleihsystem. Hierbei bietet es sich an, Schülern die Verantwortung für das Material anzuvertrauen. Abwechselnd sind z. B. zwei Schüler für die Ausgabe und Annahme der Geräte zuständig. Über personalisierte Pfandmarken kann am Ende der Pause festgestellt werden, wo vermisstes Material zu suchen ist. Bei Geräten, die selten vorhanden sind, könnte man zusätzlich vereinbaren, dass diese bevorzugt an eine bestimmte Klasse, die in bestimmten Zeitabständen wechselt, ausgeliehen werden. Dass bestimmte Geräte nicht zu jeder Zeit ausleihbar sind, könnte zu einer Steigerung der Popularität und somit zu einer verstärkten Nutzung führen (vgl. Hörler-Körner & Zahner, 2010, S. 20).

Bei der Anschaffung von Geräten, die nicht selbst gebaut werden können, sowie bei der Umgestaltung des Schulhofs entstehen erhebliche Kosten. Für die Reduktion der Schulausgaben können Fördergelder beantragt und Spendenaktionen initiiert werden. Neben dem Gewinn finanzieller Mittel durch gesponserte Läufe helfen auch Materialspenden von Vereinen oder Betrieben aus der Umgebung.

4.2 Verbesserungsvorschläge Ernährung

4.2.1 Zwischenverzehr

Während ältere Schüler ihr Frühstück zunehmend in der Schule oder bei Anbietern aus der Schulumgebung erwerben, kann das Essverhalten jüngere Schüler durch klasseninterne Maßnahmen verbessert werden. Hieraus wird außerdem erhofft, dass eine frühzeitige Veränderung der Gewohnheiten zu einer langfristigen Verbesserung führt. Um eine derartige Verbesserung zu initiieren, bietet es sich innerhalb der unteren Klassen (bis ca. Jahrgang 6) an, gemeinsam im Klassenraum zu frühstücken, um die anschließende Pause komplett zum Bewegen zu nutzen. Dadurch wird verhindert, dass die Schüler ihr Pausenbrot ,herunterschlingen', um länger anderen Aktivitäten nachgehen zu können. Um die Wirkung des gemeinsamen Frühstücks zu gewährleisten, sollte den Schülern beigebracht werden, was eine gesunde Ernährung ausmacht. Durch Tauschtage können Schüler die Pausensnacks anderer Eltern kennenlernen und dadurch ihre eigenen verbessern und erweitern (vgl. Brüggemann, Gomm & Schiering, 2007, S. 17).

Da das Frühstück nicht nur mit zunehmendem Alter, sondern auch durch die Entwicklungen unserer Gesellschaft immer seltener von zu Hause mitgebracht wird, steigt die Bedeutung schulischer Angebote. Die Qualität der Angebote hat neben der ernährungsphysiologischen Wirkung auch Einfluss auf den Lernprozess von Ernährungswissen. Kinder lernen ganzheitlich und praxisorientiert. Wenn die schulischen Angebote nicht mit der im Unterricht erarbeiteten gesunden Ernährung übereinstimmen, ist der Lerneffekt geringer.

Da gezeigt wurde, dass das Zwischenverzehrangebot der untersuchten Schulen stark verbesserungswürdig ist, müssen Reformen eingeleitet werden. Die wesentlichen Inhalte von Verbesserungsmaßnahmen stehen bereits durch die Empfehlungen der DGE fest. Brötchen und Backwaren sollten möglichst als Vollkornvarianten angeboten werden, Süßigkeiten und andere ungesunde Snacks sollten durch Obstspieße, Rohkost, Müsli und fettarme Joghurts ohne Zuckerzusatz ersetzt werden. Auch das Getränkeangebot sollte optimiert werden und aus kostenlosem Trinkwasser, Saftschorlen mit hohem Wasseranteil und koffeinfreien Teesorten bestehen. Auch selbst gemachte Milchmixgetränke bieten eine gesunde Alternative.

Solche Forderungen sind jedoch nicht leicht umzusetzen. Ein erstes Hindernis tritt auf, wenn der Hausmeister den Kiosk betreibt, um etwas dazu zu verdienen. Industrielle Produkte, vor allem Süßigkeiten, steigern den Gewinn und werden daher wahrscheinlich nur ungern aus dem Sortiment entfernt (vgl. Otto, 2006, S. 119). Doch auch wenn dies gelingen würde, wäre der Ausschluss von ungesunden Snacks aus der Zwischenverpflegung nicht garantiert. Der Grund hierfür liegt in den Konkurrenzanbietern im Umfeld der Schule. Die Produkte, die in Supermärkten und Imbissbuden gekauft werden, entsprechen jedoch im seltensten Fall den Maßstäben der DGE-Empfehlungen. Daher müssen die neuen Angebote des Schulkiosks so attraktiv wie möglich sein.

Ein Weg zur Erhöhung der Attraktivität und Akzeptanz von Schulverpflegung führt über den Einbezug der Schüler. Durch die Übernahme von Aufgaben innerhalb der Schulverpflegung kann nicht nur das Angebot verbessert werden. Die Mitwirkung an der Schulverpflegung ermöglicht vielfältige Erfahrungen in den Bereichen Marketing, Wirtschaft, Hygiene, Biologie, gesunde Ernährung und Zubereitungstechniken. Zusätzlich werden Verantwortungsbewusstsein und Teamfähigkeit geschult (vgl. Fenner, 2010, S. 25). Eine Möglichkeit der Umsetzung bietet die Gründung einer Schülerfirma. Hierbei treten Schulleitung und Lehrer lediglich als Beratende auf, die Impulse, Ideen und Anregungen stammen von Schülern. Bei derartigen Projekten sollten trotz des Lernziels der Eigenverantwortlichkeit Experten hinzugezogen werden. Insbesondere im Bezug auf Lebensmittelhygiene, –lagerung und –zubereitung gelten gesetzliche Vorgaben für dessen Beachtung Erwachsene verantwortlich sein sollten (vgl. ebd., S. 26). Für weitere Anregungen siehe Corleis (2009).

Ein anderes Modell, das bereits an einigen Schulen erfolgreich umgesetzt wird, funktioniert über das ehrenamtliche Engagement von Eltern (meist Müttern), die gesunde Lebensmittel zubereiten und verkaufen. Um eine dauerhafte Versorgung zu gewährleisten, muss, genau wie bei Schülerfirmen, ständig dafür gesorgt werden, dass nachfolgende Personen die Aufgaben übernehmen (vgl. weiterführend Gugerli-Dolder, 2004).

Es ist zu vermuten, dass die Funktionsfähigkeit solcher Modelle stark vom sozialen Klientel der Schule und damit verbundenen Ressourcen verbunden ist. Während es den Eltern aus höheren Schichten oft an Zeit fehlt, mangelt es den Eltern der unteren Schichten oft an Interesse für das Thema gesunde Ernährung. Auch wenn die Unterstützung bei der Versorgung nicht möglich ist, sollten Eltern beim Thema ‚gesunde Ernährung' verstärkt einbezogen werden. Zum einen wäre es kontraproduktiv, wenn das Verhalten der Eltern dem in der Schule vermittelten Wissen widerspricht. Zum anderen hat das beste Schulangebot keinen Nutzen, wenn das Kind Süßigkeiten und Softdrinks als Frühstück von zu Hause mitnimmt. Der Einbezug der Eltern ist neben der aktiven Mitwirkung zur Schulverpflegung auch durch Elternabende möglich.

Im Zuge der Fragestellung dieser Studie wäre es außerdem sinnvoll, Verbesserungsmaßnahmen bzgl. des Angebots zu evaluieren. Wenn gezeigt werden kann, dass bereits durch kleine Veränderungen und ohne großen finanziellen Aufwand eine gesündere Ernährung erreichbar ist, können weitere Schulen motiviert werden, solche Schritte einzuleiten.

4.2.2 Mittagsangebot

Die Qualität des Mittagsangebots war weniger bedenklich als die des Zwischenverzehrangebots. Festgestellt werden konnte jedoch ein erhöhter Fettanteil zu Ungunsten des Kohlenhydratanteils sowie ein erhöhter Anteil an gesättigten Fettsäuren. Diesbezüglich sollte eine Änderung der Nahrungszusammensetzung beim jeweiligen Anbieter angeregt werden. Bei schulinterner Herstellung können fettarme Zubereitungsverfahren und Zutaten genauso zur Verbesserung beitragen wie die Reduktion tierischer Produkte zu Gunsten von pflanzlichen.

Wichtiger erscheint jedoch, die Nutzung der schulischen Mittagsverpflegung zu steigern. Fenner (2010, S. 16) erläutert, dass viele Schüler die Schulmensa meiden, weil das Essen nicht schmeckt, zu teuer ist, die Kantine ungemütlich oder das Personal unfreundlich ist. Vor allem mit zunehmender Bedeutung der Peergroup boykottieren viele Schüler die Schulmensa und versorgen sich außerhalb. Da solche Angebote sich dem Einfluss von altersgerechten Empfehlungen entziehen und überwiegend als ungesund bezeichnet werden können, sollte die Attraktivität der schulischen Angebote erhöht werden, damit mehr Schüler die optimierten Mahlzeiten nutzen. Die Räume sollten so gestaltet sein, dass Kinder als auch Jugendliche sich wohlfühlen. Trennwände können nicht nur zur Reduktion von Lärm beitragen, sondern gliedern auch die räumliche Struktur und bieten somit Gruppen die Möglichkeit, sich ungestört zu unterhalten. Ebenfalls wichtig ist die Einstellung der Lehrer. Wenn Schüler bemerken, dass ihre Lehrer nicht hinter den schuleigenen Angeboten stehen, wird es schwer, ein positives Image zu erzeugen. Gemeinsame Mahlzeiten mit Lehrkräften bieten eine Möglichkeit, außerhalb des Klassenraumes eine pädagogische Beziehung aufzubauen (vgl. ebd., S. 16f.).

Auch wenn die Untersuchung gezeigt hat, dass die Nährstoffzusammensetzung von Salaten nicht den Empfehlungen einer Mittagsmahlzeit entspricht, so sind zusätzlich zum Hauptgericht angebotene Salatbuffets eine positive Erweiterung der Mittagsverpflegung. Sie versorgen die Schüler nicht nur mit wichtigen Vitaminen und Mineralstoffen, sondern tragen auch zu einer geringeren Energieaufnahme bei. Um dies zu gewährleisten, muss das Salatangebot ebenfalls bestimmte Voraussetzungen erfüllen. So sollten z. B. keine energiehaltigen Zutaten, wie Nudeln, Kartoffeln, Käse oder Fleisch enthalten sein. Auch das Dressing sollte möglichst kalorienarm sein. Essig und Öl oder fettarme Joghurtdressing sind deutlich besser als Salatsoßen mit Mayonnaise.

Da die Untersuchung außerdem zeigen konnte, dass die Nährstoffzusammensetzung besser ist, wenn das gesamte Angebot genutzt wird, sollten die Kinder bei der Menüauswahl durch Empfehlungen unterstützt werden. Wie dies aussehen kann, zeigt Pfefferle (2006, S. 52) in der sog. Bremer Checkliste. Demnach sollte in einer 5-Tage-Woche ein Fleischgericht, ein Eintopf oder Auflauf, ein Seefischgericht, ein vegetarisches Gericht sowie ein frei wählbares Gericht gewählt werden. Zusätzlich sollten 2 – 3mal frisches Obst, 2 – 3mal Rohkost oder Salat und 2mal Kartoffeln verzehrt werden.

4.3 Projekte gegen Adipositas

Auch wenn die Verbesserung des schulischen Angebots das Ernährungsverhalten vieler Schüler positiv zu verändern vermag, ist sie kein Allheilmittel. Besonders bei übergewichtigen Kindern kann davon ausgegangen werden, dass ungünstiges Ess- und Bewegungsverhalten derart verfestigt ist, dass weitere Maßnahmen notwendig werden.

Um dieser Problematik zu begegnen, können Schulen Projekt anbieten, in denen Eltern und Kinder gemeinsam die Grundlagen einer gesunden Lebensweise kennenlernen. Zudem sollten auch die individuellen Ursachen des Übergewichts erarbeitet und Gegenmaßnahmen entwickelt werden. Hierbei sollten die Grundlagen ernährungs-, bewegungs- und verhaltenstherapeutischer Maßnahmen (vgl. Kap. I 0) berücksichtigt und auf die Besonderheiten von Kindern angepasst werden.

Bei der Therapie von Kindern sollten z. B. praktische Erfahrungen und Erlebnisorientierung im Vordergrund stehen. Eine theoretische Vermittlung von Ernährungswissen ist für Kinder nicht nur unverständlich, sondern oft auch langweilig. Eine Möglichkeit, dies zu vermeiden, besteht darin, in einer Projektgruppe mit Eltern und Kindern gemeinsam Mahlzeiten zu planen, Einkaufslisten zu schreiben, einkaufen zu gehen und zu kochen. Dadurch lernen Eltern und Kinder durch praktische Erfahrungen, dass gesunde Ernährung auch frisch und lecker sein kann. Für das spielerische Kennenlernen der Geschmacksvielfalt bieten sich Geschmackstests an. Hierbei kann auch festgestellt werden, dass frische Lebensmittel, besser schmecken als Fertigprodukte. Eine weitere Möglichkeit praktische Erfahrungen zu sammeln, ist der Besuch von Obst- oder Gemüseplantagen und Lebensmittelfabriken. Die Kinder sehen dort, wo die Lebensmittel entstehen und wie sie verarbeitet werden. So bekommen sie ein Gefühl für ökonomische und ökologische Aspekte der Ernährung.

Ein Bewegungsprogramm sollte durch Fachkräfte begleitet werden. Für das wichtige Kennenlernen verschiedener Sportarten bietet es sich an, Kooperationen zu nutzen. Neben Vereinen könnten z. B. auch Sportstunden im Rahmen eines Praktikums oder Projekts bei der Vermittlung hilfreich sein.

Auch verhaltenstherapeutische Maßnahmen können kindgerecht umgesetzt werden. Durch Gespräche über Lieblingsessen und Ernährungs-und Bewegungstagebücher können Erkenntnisse über die Ursachen des Gewichtsproblems gewonnen werden. Die Entwicklung von Antiwerbung macht Kinder nicht nur Spaß, sondern sie lernen auch die Werbestrategien der Lebensmittelbranche zu durchschauen. Zwei weitere wichtige Aspekte der Therapie von Kindern sind die Stärkung von Selbstbewusstsein und die Aufklärung der Eltern über die Wirkung von Essen als positiver Verstärker. Diesbezüglich sollten Alternativen, wie eine aktive Freizeitgestaltung mit den Eltern als Belohnung vorgestellt werden.

Zusammenfassung

Adipositas ist ein weitverbreitetes Problem in unserer Gesellschaft. Während die Betroffenen weniger Lebensqualität haben, benachteiligt, teilweise sogar diskriminiert werden, an Folgekrankheiten leiden und i. d. R. früher sterben, wird durch die erheblichen Kosten, die im Gesundheitswesen entstehen, auch die gesamte Gesellschaft belastet. Vor allem die Anzahl betroffener Kinder und Jugendlicher ist wegen der hohen Wahrscheinlichkeit des Fortbestehens im Erwachsenenalter alarmierend.

Bei der Frage nach den Ursachen dieser Entwicklung stößt man auf viele Faktoren, die sich gegenseitig beeinflussen und so verstärken. Biologisch gesehen entsteht überflüssiges Körperfett durch eine positive Energiebilanz. Obwohl die Natur unserem Körper Regulationsmechanismen geschenkt hat, kommt es vor, dass wir mehr Energie durch Nahrung aufnehmen, als unser Körper benötigt. Die Höhe des Energieverbrauchs und andere Einflussgrößen sind nicht unerheblich von der Genetik abhängig.

Die Ausbreitung von Adipositas in den letzten Jahrzehnten spricht dafür, dass die gesellschaftlichen Veränderungen Energieaufnahme und –verbrauch negativ beeinflusst haben. Der Verlust natürlicher Bewegungsräume und die rasante Entwicklung elektronischer Medien haben den Rückgang des Bewegungsumfangs von Kindern unterstützt und somit den Energieverbrauch reduziert.

Auch das Essverhalten hat sich negativ entwickelt. Neben Geschmack und Portionsgrößen beeinflussen vor allem emotionale Aspekte, wie viel und was wir essen. Zum Trost oder zur Belohnung werden Produkte verzehrt, die meistens viel Energie enthalten und wenig sättigen. Solche Verhaltensweisen entstehen häufig früh in der Kindheit durch das Fehlverhalten der Eltern. Besonders in Familien aus sozial schwächeren Verhältnissen konnte beobachtet werden, dass ein erhöhter Lebensstress existiert, geringeres Ernährungswissen vorhanden ist und Mahlzeiten häufiger ausfallen. Verhaltensweisen, wie das Auslassen des Frühstücks oder der Trost durch Süßigkeiten werden von Kindern häufig übernommen.

Hinzu kommen die Veränderungen der Arbeits- und Lebenswelt. Durch Zeitmangel und Bequemlichkeit werden vermehrt ungesunder Lebensmittel, wie Fast Food und Fertigprodukte, konsumiert. Die industrielle Verarbeitung hat jedoch auch andere Lebensmittel stark verändert und so dessen Verhältnis von Energie und Nährstoffen verschlechtert. Zusätzlich werden Kunden durch Tricks und Werbung dazu verleitet, die ungesunden Produkte zu kaufen. Werbeclips und Packungszugaben beeinflussen vor allem die Wünsche von Kindern, die über zu wenig Wissen und Erfahrungen verfügen, um die Absichten der Industrie zu durchschauen.

Auf der Grundlage von Kenntnissen zur Funktion und Aufnahme von Nährstoffen sowie zum Energieverbrauch wurden Therapieansätze vorgestellt. Die Kombination von langfristiger Ernährungsumstellung und Steigerung des Bewegungsumfangs durch Sport und Alltagsbewegung hat sich als sehr wirksam herausgestellt. Da das Ess- und Bewegungsverhalten teilweise stark verfestigt ist, sollten verhaltenstherapeutische Maßnahmen eine Behandlung unterstützen. Bei der Therapie von Kindern sollten für eine langfristige Verbesserung vor allem Spaß und Erlebnis im Vordergrund stehen. Außerdem ist der Einbezug der Eltern wegen ihres erheblichen Einflusses sinnvoll.

Doch auch wenn die Kombination der Maßnahmen den Therapieerfolg erhöht, werden nicht alles Aspekte der multifaktoriellen Genese von Adipositas berücksichtigt. Insbesondere Rahmenbedingungen und Angebote beeinflussen unser Ess- und Bewegungsverhalten negativ. Dieser Einfluss ist bei Kindern wegen ihrer Unselbstständigkeit und der Abhängigkeit von schulischen Angeboten besonders hoch. Daher wurde untersucht, ob die Bewegungs- und Nahrungsangebote von Schulen den Bedürfnissen von Kindern entsprechen.

Es konnte festgestellt werden, dass das Bewegungsangebot einseitig ist. Dadurch werden nicht alle Kinder angesprochen und das Kennenlernen verschiedener Sportarten ist eingegrenzt. Die angebotenen Speisen und Getränke entsprechen zu einem Großteil nicht den Bedürfnissen von Kindern. Auch Regeln, die den Konsum energiefreier Durstlöscher fördern, sind zu selten vorhanden. Die Mittagsverpflegung entspricht bei abwechslungsreicher Nutzung bis auf einen erhöhten Fettanteil, den man reduzieren müsste, den Empfehlungen der DGE.

Um das Ess- und Bewegungsverhalten von Schülern positiv zu beeinflussen, müssten vor allem gesunde Frühstücksangebote und vielseitige Bewegungsmöglichkeiten geschaffen werden. Außerdem sollten Kinder lernen, das vielseitige Mittagsangebot zu nutzen. Neben einer theoretischen Thematisierung solcher Inhalte können Schüler und deren Eltern auch aktiv in die Veränderungen einbezogen werden.

Literaturverzeichnis

Bender, U. (2000). Haushaltslehre und Allgemeinbildung. *Legitimation und Perspektiven praktischen Lernens im Haushaltslehre-Unterricht. Freiburger Beiträge zur Erziehungswissenschaft und Fachdidaktik.* Frankfurt am Main: Peter Lang GmbH Europäischer Verlag der Wissenschaften.

Biesalski, H.K.; Bischoff, S.C. & Puchstein, C. (Hrsg.). (2010). Ernährungsmedizin. *Nach dem neuen Curriculum Ernährungsmedizin der Bundesärztekammer.* 4., vollständig überarbeitete und erweiterte Auflage. Stuttgart: Thieme Verlag KG.

Bölts, M.; Girbardt, R. & Hoffmann, C. (2011). DGE (Hrsg.). Qualitätsstandards für die Schulverpflegung. 3. Auflage. Bonn: MKL Druck GmbH & Co. KG.

Brettschneider, W.D.; Becker, J. (2006). Deutscher Sportbund (Hrsg.). DSB-SPRINT-Studie. *Eine Untersuchung zur Situation des Schulsports in Deutschland.* Aachen: Meyer & Meyer Verlag.

Brüggemann, I.; Gomm, U. & Schiering, G. (2007). Aid Infodienst Verbraucherschutz, Ernährung, Landwirtschaft e.V. (Hrsg.). Verpflegung für Kids in Kindertagesstätte und Schule. Reinheim: Druckerei Lokay e.K.

Corleis, F. (2009). Aktive Schülerfirmen – *Chance für eine nachhaltige Schulverpflegung.* Kleie Schriftenreihe zur Erlebnispädagogik, Bd. 42. Lüneburg: Books on Demand GmbH.

Diehl, J.M. (2000). Werbung und Ernährung. In Bertelsmann Stiftung (Hrsg.), Aspekte der Ernährung im Kindes- und Jugendalter. *Ein Workshop der Expertenkommission „Ernährung und Gesundheit"* (S. 27 – 33). Gütersloh: Bertelsmann Stiftung.

Feldheim, W. & Steinmetz, R. (1998). Ernährungslehre. *Lehrbuch für Kranken- und Altenpflegepersonal, Diätassistentlnnen und Lehrerlnnen des hauswirtschaftlichen Unterrichts.* 4., überarbeitete und ergänzte Auflage. Stuttgart, Berlin, Köln: Verlag W. Kohlhammer.

Fenner, A. (2010). Wegweiser Schulverpflegung. *Essen in Schule und Kita.* Aid Infodienst Verbraucherschutz, Ernährung, Landwirtschaft e.V. (Hrsg.). Reinheim: Druckerei Lokay e.K.

Gugerli-Dolder, B. (2004). Im Schla(u)raffenland: *Eine Unterrichtshilfe zum Thema Pausenkiosk und Ernährung.* Zürich: Verlag Pestalozzianum.

Grünwald-Funk, D. (2006). Aid Infodienst Verbraucherschutz, Ernährung, Landwirtschaft e.v. & Deutsche Gesellschaft für Ernährung e.v. (Hrsg.). Leichter, aktiver, gesünder. *Tipps für Ernährung und Sport bei Babyspeck und mehr.* 4. Überarbeitete
Auflage. Köln: Moeker Merkur Druck GmbH.

Hahn, H. & Wetterich, J. (1996). Ministerium für Kultus, Jugend und
Sport (Hrsg.). Aktive Pause, Pausenhofgestaltung. Stuttgart:
Ministerium für Kultus, Jugend und Sport.

Hartig, W. (2004). Dehydration und Hyperhydratation, Störungen des
Natriumhaushalts. In Hartig, W., Biesalski, H.K., Druml, W.,
Fürst, P. & Weimann, A. (Hrsg.), Ernährungs- und Infusionsthe-
rapie. *Standards für Klinik, Intensivstation und Ambulanz.* 8.,
vollständig neu überarbeitete Auflage (S. 277 – 292). Stuttgart:
Thieme Verlag KG.

Hassel, H. (2000). Gesundes Essen als Kommunikationsaufgabe. In
Bertelsmann Stiftung (Hrsg.), Aspekte der Ernährung im Kindes-
und Jugendalter. *Ein Workshop der Expertenkommission „Ernährung und Gesundheit"* (S. 39 – 43). Gütersloh: Bertelsmann
Stiftung.

Heseker, B. & Heseker, H. (1993). Nährstoffe in Lebensmitteln. *Die
große Energie- und Nährwerttabelle.* Frankfurt am Main: Um-
schau Zeitschriftenverlag Breidenstein GmbH.

Heymann, H.W. (1990). Überlegungen zu einem zeitgemäßen Allge-
meinbildungskonzept. In Heymann, H.W. & Lück, W. van
(Hrsg.), Allgemeinbildung und öffentliche Schule: *Klärungsver-
suche. Materialien und Studien.* Band 37 (S. 21 – 26). Bielefeld:
Institut für Didaktik der Mathematik.

Hörler-Körner, U. & Zahner, L. (2010). Bewegte Pause. *Bewegungs-
förderung an der Grundschule.* 2. Auflage. Baar: Cleven-Becker-
Stiftung.

Huch, R. & Jürgens, K.D. (2007). Mensch Körper Krankheit. *Anatomie,
Physiologie, Krankheitsbilder. Lehrbuch und Atlas für die Berufe
im Gesundheitswesen.* 5., überarbeitete und erweiterte Auflage
mit 900 Abbildungen und Tabellen. München, Jena: Urban & Fi-
scher.

Hug, T. & Poscheschnik, G. (2010). Empirisch Forschen. *Studieren,
aber richtig.* Konstanz: UVK Verlagsgesellschaft mbH.

Kersting, M. & Alexy, U. (2007). Aid Infodienst Verbraucherschutz, Ernährung, Landwirtschaft e.v. & Deutsche Gesellschaft für Ernährung e.v. (Hrsg.). OptimiX. *(Empfehlungen für die) Ernährung von Kindern und Jugendlichen.* 5. Überarbeitete Auflage. Köln: Moeker Merkur Druck GmbH.

Kersting, M. (2000). Präferenz und Akzeptanz gesunder Lebensmittel. In Bertelsmann Stiftung (Hrsg.), Aspekte der Ernährung im Kindes- und Jugendalter. *Ein Workshop der Expertenkommission „Ernährung und Gesundheit"* (S. 35 – 39). Gütersloh: Bertelsmann Stiftung.

Kliche, T.; Koch, U. (2007). Gesundheitsförderung konkret, Band 8. Die Versorgung übergewichtiger und adipöser Kinder und Jugendlicher in Deutschland. *Quantität und Qualität von Hilfsangeboten im Zeitraum 2004 – 2005.* Bundeszentrale für gesundheitliche Aufklärung (BZgA) (Hrsg.). [Elektronische Version].

Klotter, C. (2007). Einführung Ernährungspsychologie. München: Ernst Reinhardt, GmbH & Co KG.

Koerber, K.v.; Männle, T. & Leitzmann, C. (2004). Vollwert-Ernährung. *Konzeption einer zeitgemäßen und nachhaltigen Ernährung.* 10., vollständig neu bearbeitete und erweiterte Auflage. Stuttgart: Karl F. Haug Verlag.

Kromeyer-Hauschild, K.; Wabitsch, M.; Kunze, D. et. al. (2001). Perzentile für den Bodymass-Index für das Kindes- und Jugendalter unter Heranziehung verschiedener deutscher Stichproben. In Monatsschrift Kinderheilkunde. Bd. 149, Heft 8, S. 807 – 818. Heidelberg: Springer Verlag.

Lehrke, S. & Laessle, R.G. (2009). Adipositas im Kindes- und Jugendalter. *Basiswissen und Therapie.* 2., aktualisierte und überarbeitete Auflage. Heidelberg: Springer Medizin Verlag.

Löser, A.G. (2000). Ambulante Pflege bei Tumorpatienten. *Medizinische Grundlagen, Pflegeplanung, Patientenbedürfnisse.* Hannover: Schlütersche GmbH & Co. KG Verlag und Druckerei.

Lücke, S. (2007). Ernährung im Fernsehen. *Eine Kultivierungsstudie zur Darstellung und Wirkung.* 1. Auflage Januar. Wiesbaden: VS Verlag für Sozialwissenschaften.

Lülfs, F. & Lüth, M. (2006). Ernährungsalltag in Schulen. *Eine theoretische und empirische Analyse der Rahmenbedingungen für die Mittagsverpflegung in Ganztagsschulen.* Berlin/Heidelberg: Institut für ökologische Wirtschaftsforschung gGmbH.

Manz, F. (2000). Ernährungskonzepte – Ernährungsrealität. In Bertelsmann Stiftung (Hrsg.), Aspekte der Ernährung im Kindes- und Jugendalter. *Ein Workshop der Expertenkommission „Ernährung und Gesundheit"* (S. 9 – 15). Gütersloh: Bertelsmann Stiftung.

Marées, H. de (2003). Sportphysiologie. Korrigierter Nachdruck der 9., vollständig überarbeiteten und erweiterten Auflage. Köln: Sportverlag Strauß.

Merkle, W. & Knopf, H. (2004). Ernährungsverhalten und Ernährungsberatung. Schriftreihe zur Entwicklung sozialer Kompetenz. Band 5. Berlin: Rhombos-Verlag.

Momm-Zach, H. (2007). Adipositas – Der Leidensweg der dicken Kinder. *Hintergründe für Kindergarten und Schule*. 1. Auflage. Duisburg: E&Z Verlag.

Müller, M.J. (2000). Adipositas. In Bertelsmann Stiftung (Hrsg.), Aspekte der Ernährung im Kindes- und Jugendalter. *Ein Workshop der Expertenkommission „Ernährung und Gesundheit"* (S. 16 – 21). Gütersloh: Bertelsmann Stiftung.

Müller, S.D.; Vogt, M. & Northmann, D. (2004). Moderne Ernährungsmärchen. Hannover: Schlütersche Verlagsgesellschaft mbH & Co. KG.

Niedersächsisches Kultusministerium (2005). Die Arbeit in der Grundschule. RdErl. v. 20.7.2005 - 32-31020 (SVBl. 9/2005 S.490). Hannover. Zugriff am 14.03.2012 unter www.schure.de

Niedersächsisches Kultusministerium (2010a). Die Arbeit in der Hauptschule. RdErl. d. MK v. 27.4.2010 - 32-81 023/1 (SVBl. 6/2010 S.173). Hannover. Zugriff am 14.03.2012 unter www.schure.de

Niedersächsisches Kultusministerium (2010b). Die Arbeit in der Realschule. RdErl. d. MK v. 27.4.2010 - 32-81 023/1 (SVBl. 6/2010 S. 182). Hannover. Zugriff am 14.03.2012 unter www.schure.de

Niedersächsisches Kultusministerium (2010c). Die Arbeit in den Schuljahrgängen 5 bis 10 an der Kooperativen Gesamtschule (KGS). RdErl. d. MK v 4.5.2010 - 33 - 81072 (SVBl. 6/2010 S.191). Hannover. Zugriff am 14.03.2012 unter www.schure.de

Niedersächsisches Kultusministerium (2010d). Kerncurriculum für das Gymnasium – gymnasiale Oberstufe, die Gesamtschule – gymnasiale Oberstufe, das Berufliche Gymnasium, das Kolleg. Sport. Hannover. Zugriff am 14.03.2012 unter http://www.nibis.de/nibis2/nibis.phtml?menid=3003

Niedersächsisches Kultusministerium (2011a). Die Arbeit in der Oberschule. RdErl. d. MK v. 7.7.2011 - 32-81028 (SVBl. 8/2011 S.257). Hannover. Zugriff am 14.03.2012 unter www.schure.de

Niedersächsisches Kultusministerium (2011b). Die Arbeit in den Schuljahrgängen 5 bis 10 des Gymnasiums. RdErl. d. MK v. 16 12.2011 - 33-81011 (SVBl. 3/2012 S.149). Hannover. Zugriff am 14.03.2012 unter www.schure.de

Niedersächsisches Kultusministerium (2011c). Die Arbeit in den Schuljahrgängen 5 bis 10 der integrierten Gesamtschule (IGS). RdErl. d. MK vom 16.12.2011 (SVBl. 3/2012 S.149). Hannover. Zugriff am 14.03.2012 unter www.schure.de

Otto, I. (2006). Pressebericht zum Deutschen Lehrertag. In Verband Bildung und Erziehung e.V. (Hrsg.). Generation XXL – Welche Chance hat die Schule? (S. 118 – 120). Hamm: Gebr. Wilke GmbH.

Pfefferle, H. (2006). Optimale Versorgung in Ganztagsschulen. In Verband Bildung und Erziehung e.V. (Hrsg.). Generation XXL – Welche Chance hat die Schule? (S. 51 – 57). Hamm: Gebr. Wilke GmbH.

Pedersen, B. K.; Saltin, B. (2006). Evidence for prescribing exercise as therapy in chronic disease. In Scandinavian Journal of Medicine & Science in Sports 16 (Suppl. 1, S. 3 – 63). Copenhagen: Blackwell Munksgaard.

Reinehr, T.; Dobe, M & Kersting, M. (2003). Therapie der Adipositas im Kindes- und Jugendalter. Das Adipositas-Schulungsprogramm OBELDICKS. Göttingen: Hogrefe-Verlag.

Reinehr, T. (Hrsg.); Graf, C. & Dordel, S. (2007). Bewegungsmangel und Fehlernährung bei Kindern und Jugendlichen. Prävention und interdisziplinäre Therapieansätze bei Übergewicht und Adipositas. Köln: Deutscher Ärzte-Verlag GmbH.

Rößler-Hartmann, M. (2007). Die Ernährungsversorgung als Lernfeld im Alltag der Jugendlichen. Hamburg: Verlag Dr. Kovac.

Schmiedel, V. (2004). Typ-2-Diabetes. Heilung ist möglich. Stuttgart: Haug Verlag.

Schmidt, R.F.; Lang, F. & Thews, G. (2005). Physiologie des Menschen. Mit Pathophysiologie. 29., vollständig neu bearbeitete und aktualisierte Auflage. Heidelberg: Springer Medizin Verlag.

Tappeser, B.; Baier, A.; Ebinger, F. & Jäger, M. (1999). Öko-Institut (Hrsg.). Globalisierung in der Speisekammer – *Auf der Suche nach einer nachhaltigen Ernährung.* Band 1: Wege zu einer nachhaltigen Entwicklung im Bedürfnisfeld Ernährung. Freiburg: Öko-Institut.

Warschburger, P.; Petermann, F. & Fromme, C. (2005). Adipositas. *Training mit Kindern und Jugendlichen.* 2., vollständig überarbeitete Auflage. Weinheim, Basel: Beltz Verlag.

Wirth, A. (2008). Adipositas. *Ätiologie, Folgekrankheiten, Diagnose, Therapie.* 3., vollständig überarbeitete und erweiterte Auflage. Heidelberg: Springer Medizin Verlag.

Wittner, R. (2000). Bestfoods Ernährungs Forum (Hrsg.). Übergewicht und Adipositas. *Therapie und Prävention.* 1. Auflage. Obersul-Weiler: Schweikert-Druck.

Abbildungsverzeichnis

Tabellenverzeichnis

Anhang

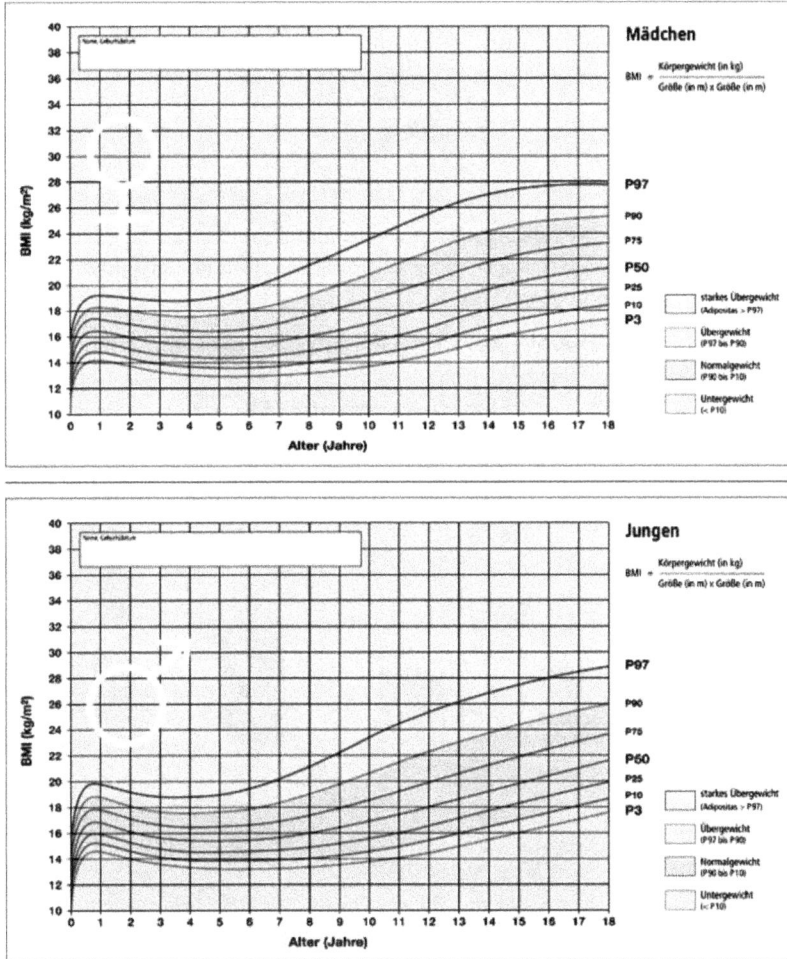

Abbildung 8   Altersperzentilen für den BMI von Mädchen und Jungen

Risiko > 3fach erhöht	Risiko 2- bis 3fach erhöht	Risiko 1- bis 2fach erhöht
• Diabetes mellitus • Cholezytolithiasis • Dyslipidämie • Insulinresistenz • Schlafapnoe-Syndrom	• koronare Herzkrankheit • Hypertonie • Athrosen • Hyperurikämie und Gicht	• Karziome • Polyzystisches Ovarsyndrom • Infertilität • Rückenschmerzen • Fetopathie

Abbildung 9 Risikoklassifikation für mit Adipositas assoziierte Krankheiten (WHO)

Abbildung 10 Direkte Kosten bei 25- bis 74-Jährigen in den Jahren 1999/2000

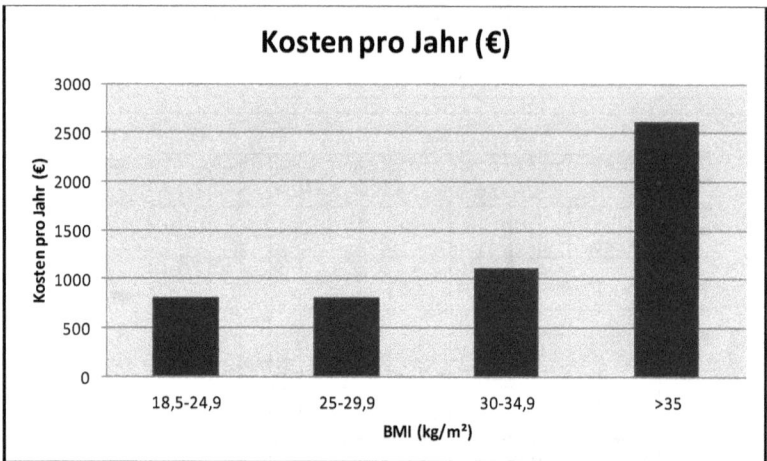

Kosten pro Jahr (€)

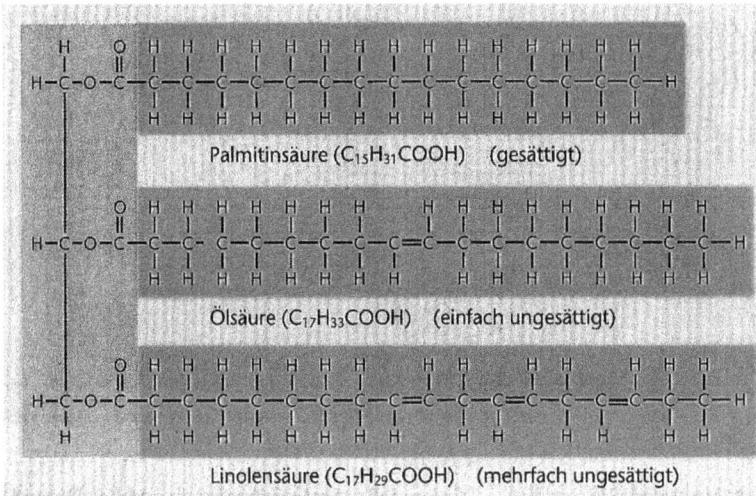

Abbildung 11 Aufbau eines Triglycerids aus drei verschiedenen Fettsäuren

Palmitinsäure ($C_{15}H_{31}COOH$) (gesättigt)

Ölsäure ($C_{17}H_{33}COOH$) (einfach ungesättigt)

Linolensäure ($C_{17}H_{29}COOH$) (mehrfach ungesättigt)

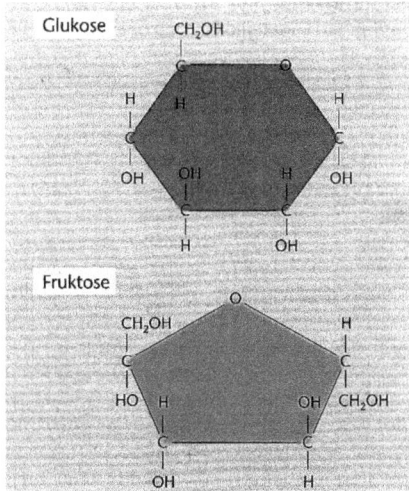

Glukose

Fruktose

Abbildung 12 Aufbau von Kohlenhydraten

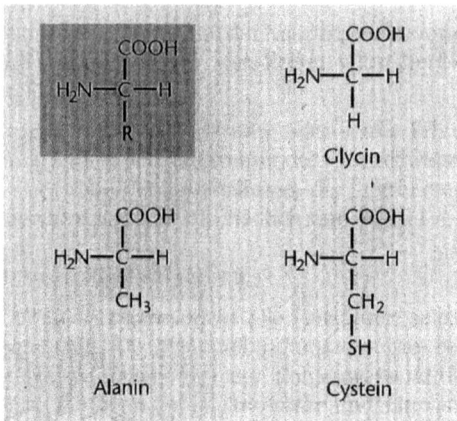

Abbildung 13 Aufbau von Aminosäuren

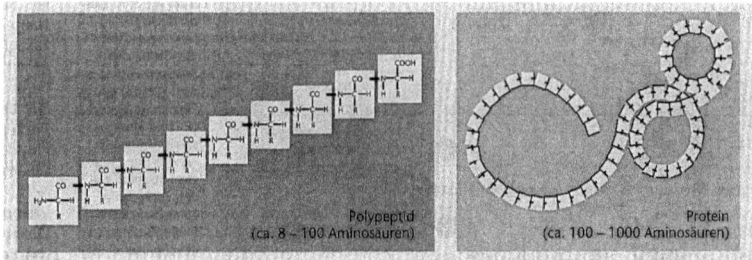

Abbildung 14 Aufbau Peptide und Proteine

Person: Energiebedarf pro Tag: 9500 kJ	Alter: 25 Jahre	Körpergewicht: 70 kg
Nährstoff	Energieanteil in %	Mengenanteil in g
Eiweiß	10	56
Fett	25	62,5
Kohlenhydrate	65	363,2

Abbildung 15 Berechnungsbogen I für die Erstellung von Tageskostplänen

138

1. Eiweiß
   a) Empfohlene Eiweißmenge/kg 0,8 g * 70 kg = 56 g

   b) Eiweißenergiewert * empfohlenen Eiweißmenge
      17 kJ/g * 56 g = 952 kJ

   c) Eweißenergiemenge / Energiebedarf * 100
      952 kJ / 9500 kJ * 100 = ca. 10 &

2. Fett

   Selbstgewählter Wert aus der empfohlnenen Spanne von 25-30 %:
   25 %

3. Kohlenhydrate
   a) Eiweiß in % des Energiebedarfs: 10 %
      Fett in % des Energiebedarfs: 25 %

   Summe aus Eiweiß- und Fettenergie: 35 %

   b) 100 % - Summe aus Eiweiß- und Fettenergie = Kohlenhydrate in % des
      Energiebedarfs

   100 % - 35 % = 65 %

Abbildung 16 Berechnungsbogen II für die Erstellung von Tageskostplänen

---

Energiebedarf / Tag: 9500 kJ

1. Berechnung des mengenmäßigen Eiweißanteils:
   Siehe Ergebnis aus Rechengang 1a auf Berechnungsbogen II: 56 g Eiweiß

2. Berechnung des mengenmäßigen Fettanteils: Fett in % des Energiebedarfs: 25

$$\frac{\text{Energiebedarf 9500 kJ * Fett in \% des Energiebedarfs 25 \%}}{\text{Fettenergiewert 38 kJ / g * 100}} = 62,5\ g$$

3. Kohlenhydrate

$$\frac{\text{Energiebedarf 9500 kJ * Kohlenhydrate in \% des Energiebedarfs 65 \%}}{\text{Kohlenhydrateenergiewert 17 kJ * 100}} = 363,2$$

Abbildung 17 Berechnungsbogen III für die Erstellung von Tageskostplänen

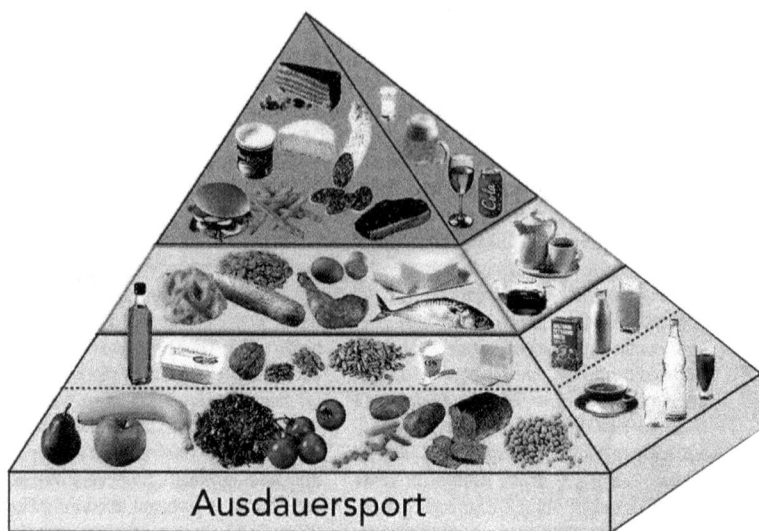

Abbildung 18 Ernährungspyramide der Gesellschaft für Ernährungsmedizin und Diätetik e.V.

Tabelle 1   Übersicht über Kohlenhydratarten und ihre Eigenschaften

Kohlenhydrat-arten	Bezeich-nungen	Vorkommen	Eigen-schaften	Resorption
Niedrigmole-kular	Monosaccharide (Einfachzucker)	Glucose (Trauben-zucker)	Obst & Gemüse	Süß, wasserlöslich	sofortige Resorption
		Fructose (Fruchtzu-cker)	Obst, Honig	Süß, wasserlöslich	sofortige Resorption
		Galactose (Schleim-zucker)	In Milch als Bestandteil der Lactose	Wenig süß	sofortige Resorption
	Disaccharide (Doppelzucker)	Saccharose (Rüben- & Rohrzucker)	Zuckerrübe, Zuckerrohr	Süß, wasserlöslich	Rasche Auf-spaltung in Mono-
		Lactose (Milchzucker)	Milch & Milch-produkte	Wenig süß, wasserlöslich	saccharide, dann Resorpti-on
		Maltose (Malzzucker)	Gerste, Bier, Malzextrakt	Wenig süß, wasserlöslich	
Hochmole-kular	Polysaccharide (Vielfachzucker)	Stärke	Getreide, Kartoffeln, Hülsen-früchte	Nicht süß, wasserlöslich	Stufenweise enzymatischer Abbau zu Mono-
		Glykogen	Leber, Muskel	Wasserlöslich	sacchariden, dann Resorpti-on
		Cellulose	Gerüst-substanz der Pflanzen	Wasserunlös-lich	Keine Resorp-tion

Tabelle 2   **Energieverbrauch** bei Sport und anderen Tätigkeiten

Tätigkeit	Energieverbrauch (kcal/h)
Ausdauersport	
Schwimmen (schnell)	800
Schwimmen (langsam)	400
Skilanglauf (schnell)	800
Skilanglauf (langsam)	400
Dauerlauf (10 km/h)	800
Inline-Skating (schnell)	800
Wandern (5 km/h)	400
Radfahren (20 km/h)	500
Kraftausdauer (Fitnessraum)	400
Aerobic	500
Andere Sportarten	
Tennis – Einzel/Doppel	500/350
Golf	300
Reiten	300
Gymnastik	250
Sonstiges	
Hausarbeit	150
Ruhe	80

Tabelle 3   Empfehlungen für Lebensmittelmengen

Alter (Jahre)		7 - 9	10 - 12	13 – 14	15 – 18
Energie (kcal/ Tag)		1800	2150	2200/2700 w/m	2500/3100 w/m
Empfohlene Lebensmittel (mehr als 90 % der Gesamtenergie)					
Reichlich					
Getränke	ml/Tag	900	1000	1200/1300	1400/1500
Brot, Getreide, -flocken	g/Tag	200	250	250/300	280/350
Kartoffeln, Nudeln, Reis	g/Tag	150	180	200/250	230/280
Gemüse	g/Tag	220	250	260/300	300/350
Obst	g/Tag	220	250	260/300	300/350
Mäßig					
Milch, -produkte	ml(g)/Tag	400	420	425/450	450/500
Fleisch, Wurst	g/Tag	50	60	65/75	75/85
Eier	Stück/Woche	2	2-3	2-3/2-3	2-3/2-3
Fisch	g/Woche	150	180	200/200	200/200
Sparsam					
Öl, Margarine, Butter	g/Tag	30	35	35/40	40/45
Geduldete Lebensmittel (weniger als 10 % der Gesamtenergie)					
zucker- und fettreich	g/Tag	50	60	60/75	70/85
zuckerreich	g/Tag	10	15	15/20	15/20

Tabelle 4   Altersgemäße Lebensmittelverzehrmengen in der Optimierten Mischkost

Lebensmittelgruppe	optimale Auswahl	Beispiele zur praktischen Umsetzung
Getreide, Getreideprodukte	Vollkornprodukte	Brot, Brötchen
	Müsli ohne Zuckerzusatz	Mischung aus verschiedenen Getreideflocken, Leinsamen und Trockenfrüchten
Gemüse und Salat	Gemüse, Frisch oder tiefgekühlt	Möhre, Paprika, Gurke, Kohlrabi, Tomate als Rohkost, z. B. in Scheiben oder Stifte geschnitten, als Brotbelag
	Salat	Kopfsalat, Eisbergsalat, Feldsalat, Endivie, Eichblattsalat, Gurke, Möhre, Tomate, z. B. als gemischter Salat, als Brotbelag
Obst	Obst, frisch oder tiefgekühlt ohne Zuckerzusatz	Apfel, Birne, Pflaume, Kirschen, Banane, Mandarine, Erdbeeren im Ganzen oder als Obstsalat, -spieße
Milch und Milchprodukte	Milch: 1,5 % Fett	Als Trinkmilch, selbst gemachte Mixgetränke (ungesüßt)
	Naturjoghurt: 1,5 %-1,8 % Fett	Pur, mit frischem Obst, Dip, Dressing
	Käse: max. Vollfettstufe (≤ 50 % Fett i. Tr.)	als Brotbelag Gouda, Feta, Camembert, Tilsiter
	Speisequark: max. 20 % Fett i. Tr.	Kräuterquark, Dip, Brotaufstrich, mit frischem Obst
Fleisch, Wurst Fisch, Ei	Fleischerzeugnisse inkl. Wurstwaren: max. 20 % Fett	Kochschinken, Lachsschinken, Putenbrust (Aufschnitt), Kasseler (Aufschnitt), Bierschinken
	Seefisch aus nicht überfischten Beständen	Lachsbrötchen, Rollmops
Fette und Öle	Rapsöl	Dressing
	Walnuss-, Weizenkeim-, Oliven- oder Sojaöl	
Getränke	Trink-, Mineralwasser	
	Früchte-, Kräutertee, ungesüßt	Hagebutten-, Kamillen-, Pfefferminztee
	Rotbuschtee, ungesüßt	

Tabelle 5   Kategorien des Zwischenverzehrangebots

Empfohlen	Bewertung	Kategorie	Beispiele
		Speisen	
Ja	+	Vollkornprodukte	Vollkornbrot, Vollkornbrötchen
		selbst gemachte Joghurts	
		Obst	Apfel, Banane, Obstspieße, -salate
		Gemüse	Gemüsespieße, -salate
Nein	0	Backwaren	Laugengebäck, Sesamring
		belegte Backwaren	belegte Brötchen, Brote etc.
	−	Backwaren mit hohem Fettanteil	Käsebrötchen, Blätterteiggebäck
		süße Backwaren	Kuchen, Waffeln
		Süßspeisen	fertige Fruchtjoghurts, Milchreis
		Fast Food & Snacks	Pizzaecken, Frühlingsrollen, Bifi
		Süßigkeiten	Schoko-, Müsliriegel, Bonbons
		Knabberartikel	Chips, Flips, Erdnüsse
		Getränke	
Ja	+	Wasser	Wasser mit/ohne Kohlensäure
		Früchte- und Kräutertees	Rotbusch-, Hagebutten-, Pfefferminztee
Nein	−	Milchmixgetränke	Kakao, Vanille-, Erdbeer-, Bananenmilch
		Koffeinhaltige Heißgetränke	Kaffee, Schwarzer Tee, Grüner Tee, Cappuccino, Latte Macchiato
		Erfrischungsgetränke	Softdrinks, gezuckerte Fruchtsaftgetränke, Sportgetränke, Eistee, Energiedrinks

Tabelle 6   Anzahl der Sportstunden: Kooperationen und Projekte

Schule	Klassen	Anzahl Sportstunden	Kooperationen
1	5 bis 13	2	Vereinskooperation bei AG Angebot
2	5 bis 12	2	Vereinskooperation bei AG Angebot
3	5 bis 12/13	2	Vereinskooperation bei AG Angebot
4	5 bis 6	2	Kooperation mit Schwimmverein & Rugbyverband bei AG Angebot & Sportunterricht
5	5 bis 13	2	Vereinskooperation bei AG Angebot
6	1 bis 4. Lehrjahr	2	Vereinskooperation bei AG Angebot
7	5 bis 10	2	Drachenboot (Maschsee), Wakeboard/Wasserski (Blauer See)
8	5 bis 13	2	Rugby, Schwimmen, Handball Olympiastützpunkt, NTV (Tennis), 96
9	5 bis 12	2	Blockkurse: Tennis, Rudern, Fitness in Vereinen (Fitness als Skivorbereitung im Studio)
10	5 bis 10	2	

Tabelle 7   AG-Verteilung; Schüler/AG-Quotient; Anzahl verschiedener ELF

Schule	Spielen	Schwimmen, Tauchen, Wasserspringen	Laufen, Springen, Werfen	Gymnastik & Tanz	Kämpfen	Bewegen auf rollenden & gleitenden	Turnen und Bewegungskünste	Fitness	Sonstiges	Insgesamt	Schülerzahl	SuS pro AG	Anzahl versch. ELF
Durchschnitt												133	3,3
1	2	0	0	2	1	0	0	0	0	5	350	70	3
2	4	1	0	0	0	0	0	1	0	6	1318	220	3
3	3	1	0	2	0	2	0	0	1	9	560	62	5
4	4	1	0	1	1	0	0	0	1	8	253	32	5
5	9	0	1	3	0	1	0	0	0	14	1500	107	4
6													
7	8	0	0	0	3	1	0	0	0	12	580	48	3
8	5	0	0	0	0	1	0	0	1	7	1700	243	3
9	4	0	0	0	0	0	0	0	0	4	1500	375	1
10	2	0	0	0	0	2	0	0	1	5	200	40	3

147

Tabelle 8   Pausenangebot

Schule / Schulen Gesamt	Bewegte Pause	Sonstiges	Gummitwists	Reifen&Seile	Wurfgeräte, Jonglage	Rollgeräte	Schläger	Turngeräte	Bälle	Basketballkörbe	Tischtennis-Tische	Tore	Klettergerüst	Schaukeln	Rutsche	Sandplatz	Pausenhalle	Sporthalle	Tartanplatz	Rasenplatz
Gesamt	5	3	1	3	2	4	2	1	4	8	10	5	6	3	1	2	4	4	1	5
1	1	0	0	0	0	0	0	1	1	1	1	0	1	0	0	1	0	1	0	0
2	1	0	0	0	0	0	0	0	1	1	1	1	0	1	1	0	1	1	0	0
3	0	0	0	0	0	0	0	0	0	0	1	0	1	1	0	0	0	0	1	0
4	1	1	1	1	2	3	2	0	1	1	1	1	1	0	0	0	1	1	0	1
5	1	0	0	0	0	0	0	0	0	1	1	1	1	0	0	0	0	1	0	1
6	0	0	0	0	0	0	0	0	0	0	1	0	0	0	0	0	0	0	0	0
7	1	2	0	2	0	1	0	0	1	1	1	0	1	1	0	0	0	0	0	0
8	0	0	0	0	0	0	0	0	0	1	1	1	1	0	0	0	0	0	0	1
9	0	0	0	0	0	0	0	0	0	1	1	1	0	0	0	1	1	0	0	1
10	0	0	0	0	0	0	0	0	0	1	1	0	0	0	0	0	1	0	0	1

Tabelle 9   Zwischenverzehr ‚Speisen' mit prozentualen Verteilungen

Schule	Anteil ungeeigneter Produkte	Anteil neutraler Produkte	Anteil geeigneter Produkte	Knabberartikel %	Süßigkeiten %	Fast Food & Snacks %	Süßspeisen %	süße Backwaren %	fettreiche Backwaren %	belegte Backwaren %	Backwaren %	Gemüse %	Obst %	selbstgemachte Joghurts %	Vollkornprodukte %	Gesamt	Knabberartikel	Süßigkeiten	Fast Food & Snacks	Süßspeisen	süße Backwaren	fettreiche Backwaren	belegte Backwaren	Backwaren	Gemüse	Obst	selbstgemachte Joghurts	Vollkornprodukte
Durchschnitt	48%	41%	11%	1,5%	21,6%	6,5%	2,3%	6,2%	9,5%	35,4%	6,0%	2,5%	6,3%	1,8%	0,4%													
1	63%	33%	3%	7%	47%	3%	0%	3%	3%	30%	3%	0%	0%	3%	0%	30	2	14	1	0	1	1	9	1	0	0	1	0
2	55%	32%	14%	0%	0%	9%	0%	9%	36%	23%	9%	0%	5%	9%	0%	22	0	0	2	0	2	8	5	2	0	1	2	0
3	36%	57%	7%	7%	14%	0%	0%	0%	14%	43%	14%	0%	7%	0%	0%	14	1	2	0	0	0	2	6	2	0	1	0	0
4	63%	38%	0%	0%	50%	13%	0%	0%	0%	38%	0%	0%	0%	0%	0%	8	0	4	1	0	0	0	3	0	0	0	0	0
5	55%	42%	3%	0%	42%	0%	0%	13%	0%	42%	0%	0%	0%	0%	3%	31	0	13	0	0	4	0	13	0	0	0	0	1
6	31%	38%	31%	0%	15%	8%	0%	8%	0%	38%	0%	8%	23%	0%	0%	13	0	2	1	0	1	0	5	0	1	3	0	0
7																												
8	68%	32%	0%	0%	0%	26%	21%	16%	5%	16%	16%	0%	0%	0%	0%	19	0	0	5	4	3	1	3	3	0	0	0	0
9	37%	44%	19%	0%	15%	0%	0%	7%	15%	44%	0%	15%	0%	4%	0%	27	0	4	0	0	2	4	12	0	4	0	1	0
10	22%	56%	22%	0%	11%	0%	0%	0%	11%	44%	11%	0%	22%	0%	0%	9	0	1	0	0	0	1	4	1	0	2	0	0

Tabelle 10   Zwischenverzehr ‚Getränke' mit prozentualen Verteilungen

Schule / Durchschnitt	Wasser	Milchmixgetränke	Säfte & Schorlen	koffeinhaltige Heißgetränke	Erfrischungs-getränke	Gesamt	% Wasser	% Milchmixgetränke	% Saft & Schorlen	% koffeinhaltige Heißgetränke	% Erfrischungsgetränke	Anteil geeigneter Produkte	Anteil ungeeigneter Produkte
Durchschnitt							16%	36%	27%	15%	6%	16%	84%
1	1	2	3	0	2	8	13%	25%	38%	0%	25%	13%	88%
2	2	2	3	4	0	11	18%	18%	27%	36%	0%	18%	82%
3	1	2	4	0	1	8	13%	25%	50%	0%	13%	13%	88%
4	1	1	1	0	0	3	33%	33%	33%	0%	0%	33%	67%
5	2	3	3	3	1	12	17%	25%	25%	25%	8%	17%	83%
6	1	4	2	2	1	10	10%	40%	20%	20%	10%	10%	90%
7													
8	3	2	8	3	0	16	19%	13%	50%	19%	0%	19%	81%
9	0	4	0	2	0	6	0%	67%	0%	33%	0%	0%	100%
10	1	3	0	0	0	4	25%	75%	0%	0%	0%	25%	75%

Tabelle 11   Vorkommen von Trinkregeln

Schule	zu jeder Zeit erlaubt	Lehrerabhängig	nur in Pausen erlaubt	Wasserbevor-zugung	Trinkpausen im Sportunterricht
Gesamt	2	6	1	3	1
1	0	0	1	0	0
2	0	1	0	0	0
3	0	1	0	0	0
4	1	0	0	0	1
5	0	1	0	1	0
6	1	0	0	0	0
7	0	0	0	1	0
8	0	1	0	0	0
9	0	1	0	1	0
10	0	1	0	0	0

Tabelle 12   Analyse des Mittagsangebots Durchschnitt aller Schulen / Schule 1

Schule / Menu	AW MA Durchschnitt	MA GA	BS in g	RW BS in g	GF in %	RW GF in %	IZ in E%	RW IZ in E%	EW in E%	RW EW in E%	F in E%	RW F in E%	KH in E%	RW KH in E%	E in kcal	RW E in kcal	Portion in g
Durchschnitt aller Schulen	29%	16%	6,2	6	39,7	33	9,1	10	18,9	20	38,5	30	40,6	50	439	546	412
1	34%	19,4%	4,3	6	39,7	33	6,4	10	23	20	36,8	30	39,4	50	396	546	334
Schweinesteak, Rosenkohl, Soße, Kartoffeln		22,8%	8,3	6	35,8	33	4,3	10	36,8	20	26,1	30	35,7	50	406	546	475
Milchreis, Z&Z, Apfelmus		62,9%	1,6	6	58,2	33	24,6	10	11,3	20	20,6	30	67,9	50	365	546	310
Hamburger mit Pommes		24,6%	4,1	6	45,7	33	5,5	10	15,5	20	44,4	30	39,5	50	491	546	275
Hähnchengeschnetzeltes Curry, Reis, Salat		14,5%	1,9	6	28,4	33	3	10	22	20	28,1	30	49,7	50	558	546	330
Großer Salat, Gemüsebratling		45,3%	2,6	6	26,6	33	14,1	10	13,6	20	49,9	30	34,6	50	160	546	230
Spaghetti in Tomatensoße		26,6%	6,7	6	15,7	33	4,2	10	13,5	20	15,7	30	70,7	50	480	546	400
Fischstäbchen, Kartoffelpüree, Rahmspinat		30,6%	5,8	6	67,9	33	3,3	10	20,8	20	47,8	30	30,6	50	530	546	400
Großer Salat, Thunfisch		61,3%	1,1	6	17,4	33	7,6	10	30,7	20	60,3	30	7,9	50	210	546	220
Hähnchenschnitzel Zigeuner, Salat, Pommes		31,6%	4,7	6	39,1	33	8,1	10	36,1	20	34,4	30	27,6	50	325	546	325
Großer Salat, Salami, Käse		53,0%	1,6	6	43,1	33	7,2	10	22,5	20	68,6	30	7,6	50	323	546	270
Tofuschnitzel, Pilzsoße, Rosenkohl, Kartoffeln		17,4%	9,6	6	27	33	5,5	10	25,2	20	37,1	30	36,2	50	403	546	450
Schweinegeschnetzeltes Züricher Art, Spätzle		16,1%	3,4	6	36,6	33	0,6	10	19,2	20	35,1	30	35,7	50	499	546	317

Tabelle 13   Analyse des Mittagsangebots Schule 2

Schule / Menu	Portion in g	RW E in kcal	E in kcal	RW KH in E%	KH in E%	RW F in E%	F in E%	RW EW in E%	EW in E%	RW IZ in E%	IZ in E%	RW GF in %	GF in %	RW BS in g	BS in g	MA GA	MA Durchschnitt
2	387	546	496	50	41,7	30	37,1	20	20,6	10	7,3	33	35	6	5,9	8,5%	18%
Schweineschnitzel, Erbsen-Möhren, Bratkartoffeln	425	546	429	50	28,9	30	38,6	20	31,5	10	6,3	33	27,9	6	6,8	23,6%	
Gebratene Nudeln, Ei, Tomatensoße	390	546	509	50	56,1	30	24,3	20	19,6	10	1,7	33	30	6	5,4	8,5%	
Frühlingsrollen, Sojasoße, Salat	390	546	588	50	29,3	30	53,5	20	15,8	10	5,8	33	32,3	6	6,3	21,5%	
Kartoffel-Käse-Taschen, Sahmesoße, Salat	362	546	595	50	42,5	30	36,4	20	20,4	10	3	33	52,2	6	5,4	16,5%	
Vegetarischer Erbseneintopf	400	546	164	50	57,9	30	11,1	20	28,8	10	6,6	33	29,4	6	9,0	29,1%	
Maultaschen vegetarisch, Kartoffelsalat	400	546	493	50	46,5	30	35,9	20	16,7	10	2,3	33	38,5	6	6,8	9,9%	
Fischragout, Gemüsestreifen, Reis	350	546	409	50	49,5	30	23,2	20	27	10	4,4	33	25,4	6	4,9	17,9%	
Nudeln mit Salami-Tomatensoße	400	546	600	50	50,2	30	33,7	20	16,2	10	3,5	33	29,6	6	6,1	7,4%	
Schinkengriller, Wirsinggemüse, Kartoffeln	420	546	615	50	20,9	30	60,5	20	17,9	10	2,7	33	38,8	6	6,8	28,7%	
Hähnchengeschnetzeltes Curry, Reis, Salat	330	546	558	50	49,7	30	28,1	20	22	10	3	33	28,5	6	1,9	14,5%	

Tabelle 14   Analyse des Mittagsangebots Schule 3

Schule / Menu 3	Portion in g	RW E in kcal	E in kcal	RW KH in E%	KH in E%	RW F in E%	F in E%	RW EW in E%	EW in E%	RW IZ in E%	IZ in E%	RW GF in %	GF in %	RW BS in g	BS in g	MA GA	MA Durchschnitt 35%
	460	546	606	50	45,2	30	39,2	20	14,9	10	13,2	33	47,1	6	6,4	21,7%	35%
Spaghetti Carbonara, Salat, Dessert	450	546	983	50	29,3	30	57,7	20	12,7	10	7,9	33	50,3	6	4,0	48,0%	
Gemüseauflauf, Rahmsoße, Kartoffelpüree, Dessert	520	546	768	50	24,8	30	63,8	20	11	10	9,3	33	57,4	6	8,6	46,1%	
Apfelpfannkuchen, Vanillesoße, Dessert	410	546	525	50	45,6	30	40,6	20	12,6	10	27,3	33	52,2	6	4,2	49,5%	
Kartoffelteigtaschen, Blattspinat, Dessert	470	546	638	50	78,7	30	12,5	20	7,5	10	2,3	33	16,2	6	10,3	35,1%	
Gemüseschnitzel, Tomatensoße, Kartoffeln, Salat, Dessert	500	546	424	50	55,1	30	24,3	20	18,8	10	19,2	33	34,8	6	7,5	22,1%	
Hähnchengeschnetzeltes Curry, Reis, Salat, Dessert	430	546	688	50	53,1	30	27	20	19,7	10	11,8	33	33,4	6	2,5	17,4%	
Schweineragout, Kartoffeln, Broccoli, Dessert	505	546	385	50	56,7	30	23,4	20	28,5	10	19,9	33	34	6	8,8	29,9%	
Paprika gefüllt Tomatensoße, Reis, Dessert	400	546	324	50	42,4	30	36,4	20	20,1	10	24	33	44,2	6	6,4	35,9%	
Rinderbolognese, Nudeln, Salat, Dessert	450	546	723	50	40,5	30	40,5	20	18,8	10	13,6	33	46,8	6	5,1	26,6%	

Tabelle 15   Analyse des Mittagsangebots Schule 4

Schule / Menu 4	Portion in g	RW E in kcal	E in kcal	RW KH in E%	KH in E%	RW F in E%	F in E%	RW EW in E%	EW in E%	RW IZ in E%	IZ in E%	RW GF in %	GF in %	RW BS in g	BS in g	MA GA	Durchschnitt MA
4	389	546	398	50	37,8	30	40,7	20	20,4	10	12,9	33	46,3	6	5,8	23,1%	39%
Hähnchenragout, Sahne, Pilze, Kartoffeln	400	546	387	50	34,5	30	39,4	20	24,9	10	3,3	33	34,3	6	5,9	17,4%	
Italienischer Salat	280	546	207	50	11,6	30	62,3	20	24,1	10	11	33	48,4	6	3,6	51,9%	
Salat Eva	270	546	196	50	21	30	38,7	20	37,1	10	21,2	33	34,3	6	2,9	57,7%	
Salat Balkan	228	546	210	50	8,8	30	73,6	20	14,7	10	7,9	33	49,8	6	3,1	59,3%	
Mandarinenmilchreis mit Zimt & Zucker	350	546	464	50	71,2	30	17,6	20	10,5	10	31,2	33	58,7	6	1,7	72,4%	
Rinderbraten, Kartoffeln, Rotkohl, Soße	520	546	414	50	33,7	30	41,6	20	23,6	10	5,1	33	39,8	6	8,4	19,1%	
Germknödel mit Vanillesoße	390	546	898	50	42,5	30	47,9	20	8,4	10	25,8	33	46,8	6	12,0	56,7%	
Tortellini, Tomaten-Gemüse-Soße	400	546	532	50	57,1	30	26,4	20	16,4	10	2	33	39,5	6	5,5	10,7%	
Nudelpfanne, Gemüse, Käse	500	546	484	50	16,9	30	56,2	20	25,6	10	6,8	33	52,2	6	6,2	35,9%	
Schweinebraten, Soße, Bayr. Kraut, Kartoffeln	530	546	376	50	43,3	30	29,8	20	25,4	10	9,1	33	35,6	6	9,1	11,4%	
Erbsensuppe	400	546	246	50	27,6	30	52,5	20	19,3	10	9,6	33	68,4	6	6,1	40,8%	
Gebratener Fisch, Kartoffelpüree, Kräutersoße	398	546	360	50	32,4	30	25,9	20	40,6	10	5,3	33	36,9	6	5,0	30,7%	

155

Tabelle 16   Analyse des Mittagsangebots Schule 5 / Schule 6

Schule / Menu	Portion in g	RW E in kcal	E in kcal	RW KH in E%	KH in E%	RW F in E%	F in E%	RW EW in E%	EW in E%	RW IZ in E%	IZ in E%	RW GF in %	GF in %	RW BS in g	BS in g	MW GA	
5	399	546	533	50	36	30	42,5	20	20,9	10	5,1	33	41,4	6	6,1	14,5%	31%
Bäckerin Kartoffeln, Paprikagemüse	400	546	220	50	71	30	11,7	20	14,4	10	11,7	33	31,7	6	10,8	30,3%	
Penne mit Tomatensoße, Parmesan	410	546	524	50	65	30	20,3	20	14,9	10	3,8	33	28,7	6	6,7	14,9%	
Ravioli mit Fleisch, Tomatensoße	320	546	622	50	24	30	55,6	20	20,2	10	6,8	33	51,9	6	2,3	38,7%	
Fischstäbchen, Erbsen, Kartoffelpüree, Remoulade	460	546	766	50	29	30	52,9	20	18,1	10	5,3	33	19,8	6	9,6	29,8%	
Burger, Kartoffelecken, Salatbeilage	300	546	495	50	36	30	47,1	20	15,3	10	3,7	33	38,2	6	4,1	23,7%	
Hähnchenspieße, Paprikasoße, Reis, Erbsen	410	546	398	50	42	30	8,1	20	50	10	5,5	33	28,7	6	6,0	40,0%	
Makkaroni Auflauf, Tomatensoße	410	546	708	50	25	30	55,3	20	19,1	10	3,2	33	55,5	6	2,5	42,2%	
Kartoffelauflauf mit Sauce Hollandaise	400	546	368	50	31	30	47,9	20	19,7	10	4,5	33	48,7	6	6,0	25,5%	
6	545	546	550	50	47	30	32,3	20	18,6	10	12,2	33	33,9	6	7,7	6,6%	25%
Makkaroni, Tomatensoße, Obstsalat	500	546	532	50	73	30	14,8	20	12,5	10	11,6	33	15,9	6	8,7	29,1%	
Hühnerfrikassee, Reis, Salat, Schwarzwaldbecher	600	546	684	50	29	30	47,8	20	20,8	10	12,4	33	37,2	6	3,2	30,5%	
Weißer Bohnentopf, Wurst, Brötchen, Pudding Soße	530	546	450	50	57	30	18,9	20	23,2	10	17,1	33	48,4	6	11	28,9%	
Nackenbraten, Chinakohl, Röstkartoffeln, Apfelringe Vanillesoße	550	546	533	50	39	30	40,1	20	18,1	10	8,7	33	30,2	6	7,6	10,8%	

Tabelle 17   Analyse des Mittagsangebots Schule 7

Schule / Menu (7)	Portion in g	RW E in kcal	E in kcal	RW KH in E%	KH in E%	RW F in E%	F in E%	RW EW in E%	EW in E%	RW IZ in E%	IZ in E%	RW GF in %	GF in %	RW BS in g	BS in g	MA GA %	Durchschnitt MA 29%
7	383	546	416	50	45,3	30	34,6	20	19,3	10	12,2	33	38,3	6	6,8	12,9%	29%
Hähnchenschnitzel, Erbsen-Möhren, Kartoffeln	425	546	382	50	36,6	30	26,5	20	35,8	10	7,7	33	53,4	6	7	29,9%	
Möhrenschnitzel, Hollandaise, Reis, Obst	400	546	449	50	58,1	30	29,5	20	11,4	10	19,3	33	37,8	6	5,3	28,2%	
Germknödel mit Vanillesoße, Obst	490	546	951	50	45	30	45,6	20	8,1	10	28,7	33	46,6	6	14,0	60,6%	
Salat Helena	230	546	87	50	34,2	30	37,8	20	24,4	10	19,5	33	12,3	6	6,4	45,9%	
Bali Salat	250	546	233	50	63,5	30	21,7	20	13,7	10	7,8	33	12,6	6	8,3	29,3%	
Gemischter Salat	240	546	178	50	56,5	30	30,3	20	11,5	10	1,7	33	12,5	6	7	26,6%	
Vitaminteller	220	546	84	50	32,4	30	48,5	20	15,4	10	31,5	33	12,2	6	4,6	72,2%	
Cevapcici, Rahmgemüse, Kartoffeln	400	546	339	50	45,4	30	22,8	20	30,4	10	7,4	33	31,1	6	8,5	18,4%	
Hähnchencurry, Nudeln, Dessert	500	546	618	50	51,1	30	26,4	20	22,5	10	1,9	33	27,7	6	4,5	11,6%	
Fleischbällchen, Tomaten-Gemüse-Soße, Reis	400	546	541	50	28,8	30	49,1	20	20,8	10	4,9	33	32,2	6	2,9	23,7%	
Eierpfannkuchen mit Apfelmus	350	546	495	50	58,4	30	27,1	20	12,1	10	17,8	33	37	6	4,2	27,9%	
Gemüseeintopf mit Soja, Brötchen	480	546	518	50	38,2	30	41,4	20	20,1	10	6,9	33	43,8	6	12,4	14,3%	
Erbsensuppe mit Gemüse, Kassler, Brot	435	546	305	50	43,2	30	38,2	20	17,1	10	10,4	33	67	6	8,9	29,5%	
Backfisch, Gemüsereis, Kräutersoße, Obst	443	546	426	50	40,5	30	31,1	20	27,4	10	13,5	33	31,2	6	4,5	21,1%	
Sahneragout vom Schwein, Nudeln	415	546	527	50	44,1	30	33,6	20	22,3	10	1,3	33	35,4	6	4,5	10,2%	
Makkaroni, Hackfleischsoße, Obst	450	546	526	50	44,7	30	32	20	22,9	10	10,1	33	44,1	6	6,4	10,0%	

Tabelle 18   Analyse des Mittagsangebots Schule 8

Schule / Menu	Portion in g	RW E in kcal	E in kcal	RW KH in E%	KH in E%	RW F in E%	F in E%	RW EW in E%	EW in E%	RW IZ in E%	IZ in E%	RW GF in %	GF in %	RW BS in g	BS in g	MA GA	MA Durchschnitt
8	403	546	494	50	33,2	30	42,1	20	24,1	10	4,1	33	38,2	6	6,1	17,1%	28%
Rostbratwurst, dunkle Soße, Rahmkohlrabi, Kartoffeln	420	546	587	50	18,3	30	62,1	20	19,1	10	4	33	35,9	6	4,4	31,1%	
Gemüseschnitzel, Hollandaise, Kartoffeln	430	546	430	50	49,9	30	34,7	20	14,2	10	4,8	33	37,6	6	7,9	11,4%	
Hühnersuppentopf	350	546	247	50	20,4	30	53,3	20	26,1	10	5,3	33	39,5	6	0,9	46,6%	
Gebratenes Gemüse, Pesto, Penne	402	546	682	50	38,4	30	50,1	20	11,3	10	4,1	33	19,9	6	10,5	28,3%	
Hähnchennuggets, Rahmkohlrabi, Röstkartoffeln	425	546	453	50	29,1	30	40,2	20	29,8	10	5,2	33	39,4	6	5,9	23,3%	
Hähnchen-Cordon Bleu, Tomatensoße, Reis, Gemüse	450	546	433	50	33,5	30	22,2	20	44	10	4	33	44,9	6	4,5	37,3%	
Veg.- Tortellini, Käse-Sahne-Soße, Parmesan	340	546	614	50	38,4	30	24,3	20	37,2	10	2,9	33	46	6	12,8	25,7%	
Fischfrikadelle, Bunter Nudelsalat	350	546	553	50	29,1	30	48,1	20	21,7	10	2,4	33	24	6	4,5	23,6%	
Hähnchenbrustfilet, Paprikagemüse, Wildreis	355	546	313	50	44,7	30	7,4	20	47,6	10	4,3	33	26,9	6	4,2	45,0%	
Eieromelett, Gemüse à la Creme, Kartoffeln	440	546	594	50	23,7	30	58,8	20	16,7	10	4	33	48,1	6	8,1	31,4%	
Königsberger Klopse, Soße, Kartoffeln, Rote Beete	450	546	497	50	34,8	30	39,9	20	24,4	10	6,8	33	40,1	6	6,0	16,6%	
Schnitzel, Zigeuner Art, Kartoffeltaler, Salat	415	546	556	50	35,9	30	37,7	20	25,6	10	5,8	33	37,6	6	6,4	13,9%	
Putenragout, Tomatensoße, Penne	410	546	531	50	36,3	30	39,3	20	24,3	10	2,5	33	34,1	6	4,3	16,4%	
Champignons à la Creme, Röstitaler	400	546	432	50	33,6	30	56,5	20	8,9	10	2,3	33	65,2	6	5,4	43,7%	

Tabelle 19   Analyse des Mittagsangebots Schule 9

MA Durchschnitt: 26,6%

Schule / Menu	MA GA	BS in g	RW BS in g	GF in %	RW GF in %	IZ in E%	RW IZ in E%	EW in E%	RW EW in E%	F in E%	RW F in E%	KH in E%	RW KH in E%	E in kcal	RW E in kcal	Portion in g
9	12,0%	6,6	6	37,6	33	8,8	10	17,9	20	41,5	30	39,9	50	550	546	410
Makkaroni, Tomatensoße, Käse	14,9%	6,7	6	28,7	33	3,8	10	14,9	20	20,3	30	64,8	50	524	546	410
Germknödel, Vanillesoße	56,7%	12,0	6	46,8	33	25,8	10	8,4	20	47,9	30	42,5	50	898	546	390
Eierragout, Gemüse, Kartoffeln	18,1%	8,1	6	28,7	33	6,4	10	24,4	20	39,8	30	34,4	50	396	546	450
Gebackener Feta, mediterranes Gemüse, Reis	33,1%	2,8	6	62,8	33	2,3	10	20,8	20	40,9	30	37,8	50	418	546	350
Paniertes Fischfilet, Kartoffelpüree, Gurkensalat	28,9%	3,8	6	43,3	33	5,4	10	24,9	20	45,6	30	28,5	50	461	546	430
Pizzazunge, Salatbeilage	19,9%	6,5	6	27,5	33	4,9	10	12,7	20	44,7	30	42	50	662	546	400
Mettbällchen, Gemüsesoße, Penne	15,1%	5,2	6	30,6	33	3,9	10	20,4	20	43,1	30	36,1	50	606	546	400
Putenbraten, Rahmsoße, Brokkoli, Rösti	26,3%	7,5	6	25,7	33	4,5	10	29,1	20	44,3	30	25,5	50	439	546	450

Institut für Sportwissenschaft – Leibniz Universität Hannover

Prof. Dr. Norbert Maassen
Arbeitsbereich:
Sport und Gesundheit

14. Dezember 2011

Philosophische Fakultät
Institut für Sportwissenschaft

Sehr geehrte Damen und Herren,

ich bin Student am Institut für Sportwissenschaft in Hannover. Im Rahmen meiner Masterarbeit führe ich unter Betreuung von StR Dirk Schröder und Prof. Dr. Norbert Maassen eine Untersuchung des Ernährungs- und Bewegungsangebots an Schulen in der Region Hannover durch. Auf Grundlage dieser Analyse soll die Bedeutung schulischer Angebote für die Entstehung von Übergewicht und Adipositas untersucht bzw. Verbesserungsmöglichkeiten diskutiert werden.

Für diese Analyse bin ich auf der Suche nach Schulen, die bereit sind, ihre Daten zur Verfügung zu stellen.

Neben den Informationen zur Bewegungssituation, die über den beiliegenden Fragebogen erhoben werden, interessiere ich mich auch für das Nahrungsangebot an ihrer Schule. Hierbei geht es lediglich um das Angebot, nicht um die Nachfrage seitens der SuS oder die Preise der Lebensmittel.

Ich wäre Ihnen daher sehr dankbar, wenn Sie mich durch die Bereitstellung folgender Angaben unterstützen würden:

- Ein Essensplan des Mittagsangebots für eine Woche
- Eine Auflistung aller Kioskwaren

- Eine Auflistung weitere Lebensmittelangebote z. B. in Automaten

Um Ihren Aufwand so gering wie möglich zu halten, hat sich Herr/Frau (Name des Ansprechpartners) bereit erklärt, die Unterlagen an mich weiterzuleiten. Selbstverständlich können diese auch per (elektronische) Post an mich gesendet werden.

Bei Schwierigkeiten bzgl. dieser Vorgehensweise könnte ich ggf. auch anbieten, die Daten persönlich vor Ort zu erfassen.

Falls Sie Fragen haben, können Sie mich gerne über Telefon oder e-mail kontaktieren.

Ich würde mich sehr freuen, wenn Sie mich bei meiner Arbeit unterstützen und verbleibe mit freundlichen Grüßen

Janosch Bülow

Fragebogen zu Bewegungsangebot & Rahmenbedingungen

Schule:

---

1. Sportunterricht

Wie viele Stunden werden jeweils in den Jahrgängen unterrichtet?

Jahrgang	Stundenzahl			
	1	2	3	4
1	☐	☐	☐	☐
2	☐	☐	☐	☐
3	☐	☐	☐	☐
4	☐	☐	☐	☐
5	☐	☐	☐	☐
6	☐	☐	☐	☐
7	☐	☐	☐	☐
8	☐	☐	☐	☐
9	☐	☐	☐	☐
10	☐	☐	☐	☐
11	☐	☐	☐	☐
12	☐	☐	☐	☐
13	☐	☐	☐	☐

2. Sport-und Bewegungs-AGs

Welche Sport-bzw. Bewegungs-AGs werden angeboten?

_____

_____

_____

_____

_____

3. Bewegte Pause

Gibt es an Ihrer Schule eine „bewegte Pause"?

☐Ja   ☐Nein

Wenn ja, welche Flächen und Geräte/Materialien stehen zur Verfügung?

Flächen:_____

_____

_____

_____

Geräte & Material:_____

_____

_____

_____

_____

4. Spielverbot

Gibt es Bereiche auf dem Schulgelände, in denen sportliche Aktivitäten o.ä.

verboten sind? (Ballverbot wegen Glasbruchgefahr, etc.)

☐Ja   ☐Nein

Wenn ja, wo und warum?_____

_____

_____

_____

_____

_____

5. Schulhof

Welche Möglichkeiten bietet der Schulhof, sich zu bewegen?

☐ Rasenplatz ☐ Tartanplatz ☐ Tore ☐ Basketballkörbe

☐ Sandkasten ☐ Rutsche ☐ Schaukeln ☐ Klettergerüst

☐ Pausenhalle ☐ Tischtennis-Tische

☐ Sonstige: _____

_____

_____

6. Kooperationen mit Vereinen

Bestehen Kooperationsangebote mit Vereinen? Wie sehen diese aus?

Vereinart/Sportbereich: _____

_____

_____

_____

Inhalte der Kooperation: _____

_____

_____

_____

(bei mehreren bitte durch a), b),.... Unterscheiden)

7. Trinkregeln

Gibt es schul- oder fachinterne Regelungen bzgl. Getränke? (z. B. Trinken im Unterricht, Trinkpausen, Limonadenverbot)

☐ Ja ☐ Nein

Wenn ja, welche?

_____

_____

_____

www.ingramcontent.com/pod-product-compliance
Lightning Source LLC
Chambersburg PA
CBHW070728220326
41598CB00024BA/3351